工程卫士
建设发家

王早生

二〇二二年八月十六日

2022 中国建设监理与咨询

——监理企业诚信建设与质量安全防控

主编　　中国建设监理协会

中国建筑工业出版社

图书在版编目（CIP）数据

2022中国建设监理与咨询：监理企业诚信建设与质量安全防控 / 中国建设监理协会主编. —北京：中国建筑工业出版社，2022.12

ISBN 978-7-112-28221-0

Ⅰ.①2…　Ⅱ.①中…　Ⅲ.①建筑工程—监理工作—研究—中国　Ⅳ.①TU712

中国版本图书馆CIP数据核字（2022）第233050号

责任编辑：费海玲　焦　阳
文字编辑：汪箫仪
责任校对：张　颖

2022 中国建设监理与咨询
——监理企业诚信建设与质量安全防控
主编　中国建设监理协会
*
中国建筑工业出版社出版、发行（北京海淀三里河路9号）
各地新华书店、建筑书店经销
北京雅盈中佳图文设计公司制版
天津图文方嘉印刷有限公司印刷
*
开本：880毫米×1230毫米　1/16　印张：$7\frac{1}{2}$　字数：300千字
2022年12月第一版　2022年12月第一次印刷
定价：35.00元
ISBN 978-7-112-28221-0
（40679）

目录 CONTENTS

"监理企业复工复产疫情防控操作指南"课题研究开题会顺利召开

2022年7月23日上午，中国建设监理协会2022年课题"监理企业复工复产疫情防控操作指南"开题会在武汉召开，会议采用线上、线下相结合的方式进行。中国建设监理协会会长王早生、课题验收组负责人、中国建设监理协会专家委副主任杨卫东，课题组组长、武汉市工程建设全过程咨询与监理协会会长汪成庆与课题组全体成员共20人参加会议。会议由汪成庆同志主持。

"监理企业复工复产疫情防控操作指南"课题由武汉市工程建设全过程咨询与监理协会牵头组织，北京、上海、广东、河南等多家行业协会、企业资深专家参与研究。该课题旨在通过研究监理企业复工复产疫情防控的法律依据和政策规定，结合全国各地疫情防控形势和相关要求，在做好监理企业自身复工复产疫情防控监理工作基础上，规范被监理工程的监理工作行为，做好监理服务在疫情防控中的相应工作，规避疫情带来的监理风险，进而展示监理人的执业智慧、服务价值、行业担当，推动行业健康发展。

会上，吴红涛同志代表课题组介绍了课题研究的前期准备工作，研究的背景、意义、计划，操作指南讨论稿的总体思路、框架、主要内容、工作进度等内容。与会专家就课题的名称和需要修改的内容进行了充分讨论，并提出了宝贵的专家意见。

王早生会长对本次开题会进行总结。他指出课题组的前期工作充分，效果明显，他强调，结合当前全国复工复产疫情防控形势，课题研究尤为重要，中国建设监理协会对此高度重视。针对开题报告和操作指南讨论稿，他从"课题如何研究"和"课题成果如何使用"两方面提出了具体要求。他特别强调，该课题的研究应体现出行业协会的责任与价值，引导企业提高思想站位和发展定位，能够为政府工作助力，使行业工作得到各方认可，也为社会提供更好的服务。

最后，他就监理企业如何发展提出了两点希望。一是要继续做强、做优、做大。企业是市场的主体，不能止步不前，还应继续深化改革。当前行业面临发展困难大，疫情反复性和不确定性等困境，广大的监理企业要在危机中寻找机遇，考验自身。二是要不断创新、合作共赢。企业在当前的经济环境下，各自发展格局与规模也会拉开差距，需要不断创新，不断深化改革，国有企业要推动混改，民营企业要实行股权改革，不断释放企业的体制、机制新活力，增强企业发展的新动能。除此，还要加强行业内交流与共享，协同合作，做强做大，谋求共赢。

中国建设监理协会"监理企业复工复产疫情防控操作指南"
课题开题会

中国建设监理协会领导调研安徽合肥企业

2022 年 8 月 23 日下午，中国建设监理协会会长王早生到安徽电力工程监理有限公司调研指导工作并召开座谈会。安徽电力工程监理有限公司总经理顾黎强，监理公司领导班子成员及相关部门负责人，安徽省建设监理协会秘书处工作人员陪同调研并参加座谈。

王早生会长一行参观了基建安全管控中心，详细了解了基建安全管控中心相关先进科技手段辅助应用情况和监理公司内部模拟市场建设成果，对安徽电力工程监理有限公司扎实做好基建安全保障以及信息化应用等工作给予充分肯定。

顾黎强对王早生会长一行的到访表示热烈欢迎，对中国建设监理协会给予的支持和关心表示感谢，并简要汇报了监理公司经营发展情况。王早生会长对监理公司经营发展取得的成绩给予肯定，并同与会人员分享了监理行业先进管理经验和做法，对公司未来发展方向提出了建议。

8 月 24 日上午，会长王早生、副会长兼秘书长王学军以及安徽省建设监理协会会长苗一平等有关领导一行到合肥工大建设监理有限责任公司调研指导。

合肥工大建设监理有限责任公司总经理张勇首先代表公司领导班子和全体职工对中国建设监理协会一行的到来表示热烈欢迎，对协会领导多年来的支持和关心表示诚挚感谢。公司总经理助理蔡自刚就公司发展历程、组织架构、企业文化、工程监理业绩等几个方面做简要介绍。协会领导对公司业务发展情况和典型业绩给予了高度肯定，并对汇报中的具体内容进行了仔细询问。

协会副会长兼秘书长王学军在听取了公司相关情况的汇报后表示，公司发展思路清晰，希望充分释放发展活力，充分发挥校企合作的独特优势，加强校企合作，抓实质量安全管理，落实五方主体监理责任，发挥行业模范带头作用。

王早生会长在调研座谈会上表示，看到工大监理过去的成绩和乔迁后的新面貌感到振奋。王会长强调，协会正大力倡导全国监理企业提升信息化管理和智慧化服务水平，积极探索 BIM、大数据、云计算、物联网、人工智能等新技术，在工程监理、项目管理、全过程工程咨询等方面的应用。在听到公司指挥调度中心系统正在建设时感到欣慰，认为其发展前途不可估量。王早生会长希望工大监理能在利用技术创新资源、人才资源促进自身转型升级的同时，不断将企业做强、做大、做优。

8 月 24 日下午，协会会长王早生、副会长兼秘书长王学军一行来到安徽省公路工程建设监理有限责任公司和安徽省高等级公路工程监理有限公司调研并指导工作，安徽省建设监理协会会长苗一平等陪同调研。

王早生会长、王学军副会长兼秘书长一行，首先参观了下属子公司新同济检测的试验室。随后，一行人对安徽省公路工程建设监理有限责任公司（皖路监理）、安徽省高等级公路工程监理有限公司（安徽高监）进行了座谈调研。皖路监理公司董事长兼总经理戎刚、副总经理王勇围绕皖路监理的改制和发展历程、企业规模和经营理念做了简要介绍。安徽高监总经理靳军、副总经理王来来详细介绍了安徽高监的发展历程和改制后的发展创新及取得的奖项荣誉。

副会长兼秘书长王学军对两家企业的发展表示肯定。当谈到监理取费问题时，指出今后人工时计费将成为趋势。新疆在发布成本指导价后，监理取费翻了一倍。他希望，安徽也能探索发布适合安徽的监理取费规则。

王早生会长对皖路监理公司的企业发展、人才培养和经营理念予以肯定，对安徽高监坚持以人为本的人文风范，为"创一流工程咨询公司，树百年安徽高监品牌"所付出的努力予以表扬，并在信息技术创新、提高企业效益方面提出了建议和要求。

北京市建设监理协会组织召开第六届第六次会员大会

2022 年 7 月 26 日，北京市建设监理协会组织召开第六届第六次会员大会，根据疫情管控要求，采用线上视频会议形式召开。市监理协会会长李伟，副会长张铁明、曹雪松、刘秀船，监事长潘自强到会，北京市住房和城乡建设委员会质量处二级调研员曾庆奇到会并讲话，会员单位主要负责人 167 人线上参会。会议由副会长曹雪松主持。

会长李伟作《北京市建设监理协会 2022 年上半年工作总结和下半年工作意见》的工作报告。分三个方面 16 项工作就上半年工作进行了总结，并对下半年工作提出要求。

副会长张铁明宣读《关于表彰 2021 年度〈北京建设监理〉优秀论文的决定》（京监协〔2022〕2 号）。

市住房城乡建设委员会质量处曾庆奇处长讲解了在对监理单位进行项目质量安全巡查中发现的有代表性的管控通病，以及优秀监理单位在现场项目管理中的先进范例。

会议要求各参会单位要及时传达学习会议精神，认真贯彻落实各项工作要求，使监理行业能够持续健康发展，全面提升首都工程质量安全监管水平。

（北京市建设监理协会　供稿）

天津市监理协会开展"党建联建聚合力，携手共建促发展"主题活动

2022 年 7 月 15 日，天津市建设监理协会党支部组织召开"党建联建聚合力，携手共建促发展"座谈会。

天津市建设监理协会理事长郑立鑫，协会党支部副书记、副秘书长赵光琪及路驰工程咨询公司、正方监理公司、博华监理公司、五岳监理公司、建华工程咨询公司、园林监理公司、金屋监理公司等 7 家会员单位党支部负责人出席会议。会议由赵光琪同志主持。

中汽工程党委副书记、总经理，五岳监理公司法定代表人贾希君介绍了五岳监理公司党建工作情况，阐述了对监理行业未来高质量发展的思考。期望监理企业能更多借助协会平台优势，增进以党建促交流，以党建促发展，以党建促共赢，互信互补、互助互利，形成更加良好的市场环境。

赵光琪同志介绍了监理协会党支部开展"迎盛会，铸忠诚，强担当，创业绩"主题学习宣传教育实践活动情况，通报了协会秘书处近期工作。

五岳监理公司姜晓峰书记、路驰工程咨询公司庄洪亮书记和正方监理公司石嵬董事长分别介绍本单位党建情况以及企业发展情况，各支部负责人围绕联建共建形式进行了深入探讨，并一致认为要进一步丰富创新党建共建活动的内容和载体，不断拓宽党建共建渠道，建立长效共建机制。

理事长郑立鑫作总结发言，他希望各会员单位以党建联建为纽带，深入合作、紧密联系、资源共享、优势互补。发挥好党建引领作用，积极承担社会责任，履行行业担当，助推监理行业的高质量发展，以实际行动迎接党的二十大胜利召开。

（天津市建设监理协会　供稿）

新疆成立建设监理协会

2022 年 7 月 18 日，新疆建设监理协会成立暨第一届全体会员大会在乌鲁木齐市举行。中国建设监理协会副会长兼秘书长王学军，自治区住房和城乡建设厅二级调研员、市场监管处副处长殷涛，自治区民政厅社团管理局调研员范舒慧等出席会议，来自自治区118 家监理企业代表参加会议。会议由新疆建设监理协会筹备组李全胜主持。

范舒慧宣读了自治区民政厅关于协会成立批复文件，协会筹备组成员苏霁报告筹备工作情况，经现场表决一致通过会员资格审查报告、协会章程、会费标准、选举办法等。大会采用无记名投票方式选举新疆昆仑工程咨询管理集团有限公司等 49 家单位为理事单位，新疆佳诚工程监理有限公司为监事单位。

第一届第一次理事会选举产生 16 家单位为常务理事单位，苏霁、戴斌、吕天军、李全胜、魏荣华、张勇、屈新营、钟凯平、解振学为副会长。

选举任杰为新疆建设监理协会会长，田集伟为新疆建设监理协会秘书长。

王学军代表中国建设监理协会对新疆建设监理协会成立及新当选领导集体表示祝贺，并指出，今年是实施"十四五"规划关键之年，也是向第二个百年奋斗目标奋进的重要一年。协会要加强行业自律管理，推进诚信体系建设，引导企业走诚信型经营、信息化管理、标准化监理、智慧化服务道路，更好地发挥工程质量安全监管、项目管理、技术咨询作用，不断提高服务能力和履职水平，推进监理事业健康发展，以实际行动迎接党的二十大胜利召开。

殷涛代表住房城乡建设厅对新疆建设监理协会的成立表示热烈的祝贺，并提出协会应充分发挥桥梁和纽带作用，加强行业自律，切实履行好服务企业的宗旨等工作要求。

（新疆建设监理协会　供稿）

中国建设监理协会化工监理分会2022年常务理事会议在山东淄博顺利召开

2022 年 8 月 17 日至 8 月 20 日，由山东鲁润志恒工程管理有限公司、山东同力建设项目管理有限公司协办的中国建设监理协会化工监理分会 2022 年常务理事会议在山东淄博齐盛国际会议中心顺利召开。

会议由中国建设监理协会化工监理分会会长兼秘书长王红主持，中国建设监理协会副会长兼秘书长王学军、中国建设监理协会化工监理分会顾问余津勃、中国化工施工企业协会副理事长兼秘书长施志勇、山东省建设监理与咨询协会理事长徐友全等领导出席会议并讲话。山东同力建设项目管理有限公司董事长许继文、山东鲁润志恒工程管理有限公司董事长张在春致欢迎辞。

会议旨在认真贯彻中国建设监理协会 2022 年度工作要点，推动化工监理企业向全过程工程咨询服务转型升级，共同促进监理行业高质量发展，研究确定化工监理分会下一阶段重点工作。会议进行了监理企业经验研讨交流；对注册监理工程师继续教育修编教材《化工工程》编写大纲进行审定，对《化工工程》教材具体章节编写单位进行了分工。第三届常务理事会成员单位及相关企业负责人 40 余名代表参加了会议。

中国建设监理协会副会长兼秘书长王学军在会上提出，化工各监理企业要积极组织《化工建设工程监理规程》团标宣贯、实施，提高服务质量，提高全员业务水平，坚持原则，认真履行监理职责，高度重视质量安全工作，提高信息化、数字化管理水平，向智慧化监理方向发展，以优异成绩迎接党的二十大胜利召开。

（中国建设监理协会化工监理分会　供稿）

广东省工程建设团体标准——《建设工程安全生产管理监理工作规程》团体标准审定会在广州顺利召开

2022 年 8 月 25 日，由广东省建设监理协会和广东省安全生产协会联合编制的《建设工程安全生产管理监理工作规程》（以下简称《规程》）团体标准审定会在广州顺利召开。广东省建设监理协会会长孙成出席会议并作总结讲话。《规程》团体标准编制组组长、广东省建设监理协会秘书长邓强，副组长、广东省安全生产协会秘书长郑辉，主笔人黄彦虎和编制组成员以及审定专家组专家共 16 人参加会议。会议由广东省安全生产协会技术部部长刘孙权和广东省建设监理协会副会长、审定专家组组长刘卫冈分别主持。

编制组组长邓强和副组长黄彦虎代表编制组分别详细汇报了编制《规程》的基本工作思路和过程情况，以及《规程》各章节内容的编制要点和编制说明等。在听取《规程》编制成果工作汇报后，审定专家组逐章逐条认真审阅了《规程》成果文件，针对条文有关问题进行详细询问，并结合实际提出了部分建设性的意见和建议。

经评审质询和闭门评议，审定组专家们一致认为，《规程》团体标准编制组提交的成果文件内容齐全、翔实，编制内容和格式符合现行相关法律法规和《标准化工作导则 第 1 部分：标准化文件的结构和起草规则》GB/T 1.1—2020 的要求；《规程》团体标准规范了建设工程安全生产管理的监理工作程序和要求，厘清了监理单位和项目监理机构的安全生产管理责任；对提升监理工作及相关服务质量、促进监理人员履职尽责、防范和规避监理单位及监理从业人员的执业法律风险，具有重大现实意义和工作指导价值，填补了广东省在建设工程施工阶段安全生产管理的监理工作及相关服务标准的空白，一致同意通过审定。

（广东省建设监理协会　供稿）

广东省建设监理协会主办"强化安全红线意识，规范监理执业管理"专题讲座

2022 年 8 月 30 日，由广东省住房城乡建设厅指导，广东省建设监理协会主办的"强化安全红线意识，规范监理执业管理"专题讲座圆满落幕。讲座采用线上、线下结合方式，线上全程网络直播进行。受疫情防控限制，来自 40 家会员单位的 60 名企业主要负责人代表参加了现场活动，其他会员单位通过组织本企业安全管理人员线上同步观看直播。据统计，本次直播平台累计观看观众超过了 1.47 万（人次），直播相册点击率超过了 4.9 万（阅次）。广东省住房城乡建设厅党组成员、副厅长蔡瀛和广东省建设监理协会会长孙成出席会议并发表讲话，讲座由广东省建设监理协会副会长刘卫冈主持。

讲座特邀广东省建设监理协会专家委员会专家、广州东建监理有限公司项目总监杜根生以及广东省建设监理协会法律顾问、广东合盛律师事务所高级合伙人王雪林作专题演讲。杜根生从项目监理机构在履职尽责过程中相关行为管理角度出发，重点聚焦监理实践中的难点、痛点问题，通过对监理内容及责任做分析，探索监理从业人员执业风险管理应对思路，监理从业人员如何履职免责；王雪林律师则针对管理层被追刑责的案例实证剖析，探究监理单位高管层成员执业法律责任风险的成因及对策，并就如何推动监理企业诚信经营及监理人员依法执业进行讲解。

与会代表与专家围绕"强化安全红线意识，规范监理执业管理"主题展开了多方向、多角度的深入探讨。与会企业代表纷纷表示专题讲座为他们解决了实际工作中没能解决的疑难问题。

（广东省建设监理协会　供稿）

中国建设监理协会在合肥召开监理企业诚信建设与质量安全风险防控经验交流会

为深入推进工程监理行业信用体系建设，筑牢质量安全风险防控意识，营造诚信自律、规范和谐的市场氛围，提高监理服务质量和保障投资效益，2022 年 8 月 23 日，由中国建设监理协会主办、安徽省建设监理协会协办的"监理企业诚信建设与质量安全风险防控经验交流会"在合肥召开。来自 18 个省、6 个行业协会分会，共计 100 余人参加会议，20 余个省市及行业协会积极设立线下分会场，组织监理人员观看，累计观看 27434 人（次）。中国建设监理协会会长王早生、中国建设监理协会副会长兼秘书长王学军、安徽省住房和城乡建设厅建筑市场监管处二级调研员辛祥、中国建设监理协会副会长李明安、河南省建设监理协会会长孙惠民、安徽省建设监理协会会长苗一平出席了会议。会议由中国建设监理协会副秘书长温健主持。安徽省住房和城乡建设厅建筑市场监管处二级调研员辛祥作大会致辞。

王早生会长作"不忘初心勇担当 牢记使命促发展"的报告，阐述了保障建设项目的工程质量、安全生产以及人民生命和国家财产安全是我们行业的主要目标，是我们的初心所在。监理要履职尽责，当好工程卫士，要加强自律，筑牢诚信基石。他从党建、人才队伍建设、激励机制建设、信息化建设、企业文化建设等五个方面要求监理企业要认清形势，夯实发展根基。

安徽国华工程科技（集团）有限责任公司等九家监理企业在会上与大家分享他们的经验与做法。

中国建设监理协会副会长兼秘书长王学军作总结发言。他强调监理企业要推进诚信建设，走诚信发展的道路。要增强质量安全风险防范意识，杜绝责任事故发生。同时，要重视监理标准化建设，加强业务知识学习，提升监理履职能力，为监理行业高质量发展做出监理人应有的贡献，王学军副会长还对协会下半年标准化建设、业务培训、信用自评估、发展会员工作等四项重点工作做了安排，并提出落实意见。

关于印发监理企业诚信建设与质量安全风险防控经验交流会上领导讲话的通知

中建监协〔2022〕37号

各省、自治区、直辖市建设监理协会，有关行业建设监理专业委员会，中国建设监理协会各分会：

为进一步落实《国务院办公厅关于促进建筑业持续健康发展的意见》(国办发〔2017〕19号)、《国务院办公厅转发住房城乡建设部关于完善质量保障体系提升建筑工程品质指导意见的通知》(国办函〔2019〕92号)，深入推进工程监理行业信用体系建设，筑牢质量安全风险防控意识，营造诚信、自律、和谐的市场氛围，提高监理服务质量和保障投资效益，2022年8月23日，中国建设监理协会召开"监理企业诚信建设与质量安全风险防控经验交流会"。现将本次会议上王早生会长和王学军副会长兼秘书长的讲话印发给你们，供参考。

附件：1. 不忘初心勇担当 牢记使命促发展
      2. 监理企业诚信建设与质量安全风险防控经验交流会总结

中国建设监理协会
2022年9月2日

附件1

不忘初心勇担当　牢记使命促发展

中国建设监理协会会长　王早生

（2022年8月23日）

各位代表：

大家上午好！今天我们在合肥召开"监理企业诚信建设与质量安全风险防控经验交流会"，会议将围绕监理企业在建设诚信体系和防控质量安全风险的实践经验进行交流，这对于深入推进工程监理行业信用体系建设，筑牢质量安全风险防控意识，营造诚信、自律、和谐的市场氛围，提高监理服务质量和保障投资效益，都具有积极的作用。这次会议我们采用线下设主会场、线上直播的方式进行，也是为了让更多的监理从业者有机会参与到交流中来，并从中获益。在各单位作经验交流之前，我先谈几点意见，供大家参考。

一、不忘初心　牢记使命

以史为鉴，可以知兴替。习近平总书记在省部级主要领导干部学习贯彻党的十九届六中全会精神专题研讨班开班式上发表重要讲话强调："继续把党史总结、学习、教育、宣传引向深入，更好把握和运用党的百年奋斗历史经验"。总结党的百年奋斗重大成就和历史经验，不是为了躺在功劳簿上吃老本，而是要从历史中总结经验，汲取教训，迈向未来，再创新功。

回顾监理的发展，从1988年开始试点，1996年全面推广，到1997年《建筑法》规定"国家推行建筑工程监理制度"，至今已经三十余年。很多从事监理工作的老同志说起监理的设立，还是历历在目，印象深刻。建设监理制度，是我国建设领域的一项重大改革，它的诞生和发展，正是改革旧的工程管理模式的产物，是发展市场经济的必然结果。工程监理的设立，在保障建设工程质量安全、提高建设工程投资效益，控制投资周期等方面发挥了显著的作用，为我国建筑业发展、经济社会发展以及提高人民生活水平、增强国家的综合国力等各个方面都作出了积极贡献。

经过这些年的发展，监理行业正处于一个前所未有的变革时期。一方面监理在发展中遇到了新情况、新问题，另一方面经济社会高质量发展的新形势对监理提出了更高的要求。但是无论如何发展，如何变化，监理的初心不能变，那就是为社会创造价值。监理的社会价值是什么呢？管理学大师德鲁克提出的"组织的社会责任"，他认为组织在承担社会责任时，必须以履行好自身的主要使命和任务为前提。当组织的内部基本责任、根本需要、根本利益与社会发生冲突时，组织必须把他们视为挑战和机会，而不是包袱。西方对企业的社会责任提升到这个高度，我们中国的监理企业更要有这样的认识高度。监理企业的

主要使命和任务就是保障建设项目的工程质量、安全生产以及人民生命和国家财产安全，当企业的内部管理、企业的经营利润等与保障建设工程质量安全发生冲突时，企业应该积极解决经营、管理中存在的问题，及时化解风险，实现监理承担社会责任的价值。我想这就是我们行业发展的目标，是我们的初心所在。我们只有扎实做好各项监理工作，承担好质量安全监管职能，为业主提供高水平的监理服务，自觉履行好监理的社会责任，体现出自身的价值，才能赢得业主和社会的信任。

二、履职尽责，当好工程卫士

中央历来重视安全生产，习近平总书记多次对安全生产工作发表重要讲话，反复强调要坚持发展决不能以牺牲安全为代价这条红线。安全生产红线，是行业领域需要承担的责任，是生产工作需要坚守的底线，是人民群众需要获得的保障。由于建设工程本身具有投资规模大、建设周期长、技术复杂、涉及面广等特点，也使得建筑业成为一种风险较高的行业。国家推行工程监理制度，要求监理依照法律、行政法规及有关的技术标准、设计文件和相关合同，对承包单位在施工质量、建设工期和建设资金使用等方面，代表建设单位实施监督。投资控制是基础、进度控制是条件，质量安全监管是核心，确保工程质量和安全，不仅是建设问题、经济问题，更是民生问题、政治问题，可以说离开了质量安全任何工作都是没有意义的，因为一旦发生质量与安全事故，就会削弱工程预期的经济效益和社会效益，甚至造

成人员伤亡，企业也会面临轻则罚款，重则停止市场活动、降级甚至吊销执照，相关责任人员也会面临民事处罚甚至是刑事处罚，对个人、企业乃至整个行业和社会的影响都是巨大的。

质量安全是我们监理行业的生命线，是监理企业的生命线。只有质量安全做好了，监理企业才有发展，监理行业才有好的声誉。受人之托，忠人之事。监理单位是受业主委托对建设工程实施监理工作的，就有责任，有义务替业主把好关，尤其是做好施工阶段的质量安全风险防控工作，为建设工程项目顺利实施保驾护航。

监理企业要树立质量安全风险防控意识，提升风险识别能力。首先思想认识要上去。思想是行动的先导，要强化安全生产红线意识和底线思维，时刻绷紧质量安全这根弦。充分认识质量安全是工程建设的核心，质量是工程安全的根本，安全是工程质量的前提。要不断提高质量安全意识，增强质量安全风险防控的主动性，全面加强质量安全管理。其次要把工作做到前头。凡事预则立，不预则废。质量安全风险无时无处不在，面对潜在的风险和隐患，重要的是"防"。严格落实企业主体责任，把质量安全作为监理的核心职责，建立纵向到底、横向到边的全方位、全过程的质量安全管控机制，把质量安全工作贯穿于工程建设全过程；加强安全生产责任制的落实和考核，把安全责任真正落实到每一个人，切实提高风险防控的有效性，下好先手棋。我们要以如履薄冰的谨慎、见叶知秋的敏锐，全力做好建设工程质量安全工作，成为工程质量安全不可或缺的"保障网"，当好"工程卫士"。

三、加强自律建设 筑牢诚信基石

近年来，国家高度重视社会信用体系建设，出台了一系列相关法规和政策文件，社会信用体系建设取得积极成效。但由于社会信用制度与经济发展水平和社会发展阶段尚不匹配，失信行为时有发生，在建筑领域也是如此。监理行业也存在一些违约和不廉洁的问题，比如个别企业片面追求经济效益，轻视监理效果，导致监理形同虚设，损害业主利益；个别企业为了承揽监理业务，靠互相压价、拉关系、给回扣等不正当的手段来承接业务，使得监理市场恶性竞争；个别监理人员甚至把从事监理工作当成"吃、拿、卡、要"谋取私利的途径。这些问题虽然是不时发生，但带来的危害却很严重，极大影响了监理行业的发展，造成监理企业社会信用度降低，建设单位不信任，施工单位不信服，使监理行业丧失应有的地位和声誉。"言不信者，行不果"，如果一个企业丧失了诚信，那么行稳致远和高质量发展就将成为一句空话。

正所谓"诚招天下客，誉从信中来"，诚信作为企业的无形资产和软实力，是企业持续发展和增强市场竞争力的重要源泉。对内，诚信是推动企业生产力提高的精神动力。通过精神层面的感召力，使得企业内部真诚相待，从而充分调动广大员工的积极性、主动性、创造性，高度认同和支持企业的经营政策和方针。对外，企业的社会信用度高，职业道德好，在监理过程中就会取得参建各方的信任、理解和支持，得到社会的认可和肯定，吸引更多、更广的顾客，就会不断开拓市场，增加市场份额。这

也是市场经济条件下监理的长久发展之路。我们要不断强化诚信意识，培育诚信自觉，将诚信转化为财富，做诚信的建设者、带头者、受益者，夯实诚信建设基石。

为了维持市场良好秩序，打造诚信监理，促进行业高质量可持续健康发展，中国建设监理协会建立了会员诚信体系，行规、公约、会员信用管理办法覆盖全体会员，组织单位会员开展信用自评估活动，力求营造诚信受益、失信受罚的良好氛围。同时针对近几年监理行业出现的违法违规现象，协会收集了具有代表性的案例，组织编写了《建设监理警示录》，本次会议也作为会议资料发给大家，希望大家认真学习。

四、认清形势，夯实发展根基

我们所处的时代是一个改革的时代，随着经济发展进入新常态，供给侧结构性改革、建筑业改革和工程建设组织模式变革的深入推进，建筑业提质增效、转型升级的需求非常紧迫。同时，《中共中央 国务院关于加快建设全国统一大市场的意见》出台，提出要加快建立全国统一的市场制度规则，打破地方保护和市场分割，加快建设高效规范、公平竞争、充分开放的全国统一大市场，这标志着以内循环为主的新经济发展格局形成。新形势下，无论是高质量发展还是统一大市场的建立，总的方向都是向完善市场经济方向发展。市场经济就是优胜劣汰，就是竞争，这是毫无疑问的。要实行市场经济，实行优胜劣汰，企业只能在做强做实上下功夫。所谓"万变不离其宗"，无论形势

怎么发展，市场怎么变化，只要自身能力够强，就一定能在激烈的市场竞争中找到自己的一席之地。因此，最终企业发展还要靠企业在基本功上下功夫，增强企业的核心竞争力。我们要通过"补短板、扩规模、强基础、树正气"的措施，苦练内功，增强自身的技术水平和精神力量，提升监理履职能力，夯实高质量发展基础，在市场经济中保持竞争优势。

（一）加强党建引领

党建引领是一切工作的基石。在革命战争时期，红军之所以历经艰难而不涣散，"支部建在连上"是一个根本保障，全军上下一条心，提升了战斗力，这体现了加强基层党建的重要性。各项工作的落实，最终要靠基层。把党的领导深深扎根于基层，使党的力量充分彰显于基层，才能达到事半功倍的效果。今天也是如此，企业的想法和政府部门、业主的想法要一致，企业总部的想法要渗透、传导到每个项目上。企业要建立健全基层党组织，将党支部建在项目上，把党的活动与生产经营有机融合起来，为开展廉洁自律工作提供有力保障。发挥党建工作的战斗堡垒作用和党员的先锋模范作用，以党建强引领发展强，推动党建优势转化为发展优势，党建资源转化为发展资源，党建成果转化为发展成果。

（二）人才队伍建设

实现高质量发展离不开高素质的人才队伍，留住人才、培养人才、集聚人才是监理企业立足市场的根本。人才队伍的建设，已成为监理企业转型发展的关键。监理属于智力密集型行业，监理人员必须具备坚实的理论基础和丰富的实践经验，既要了解经济、法律、技术

和管理等多学科理论知识，又要能够公正地提出建议、作出判断和决策，要适应社会和企业发展需求。监理企业要充分考虑人员结构的合理性，有计划、有步骤地引进人才，培养一批企业骨干队伍。建立人才培养的长效机制，注重人才培养和员工培训。发扬"传帮带"精神，将企业内部优秀的经验做法共享，发挥标准示范作用，打造学习型组织。逐步提高监理人员综合素质，培育精通工程技术、熟悉工程建设各项法律法规、善于协调管理的综合素质高的人才队伍，将人才优势转化为市场优势，增强企业实力，满足市场和人才发展的需求，实现持续向前发展。

（三）激励机制建设

随着市场经济的不断发展，企业之间的竞争日趋激烈。企业之间的竞争就是人才的竞争，企业要想长久发展就必须建立有效的激励机制，包括绩效、股权、晋升通道、奖惩考核等，激励人才，创造价值。科学合理的激励机制能最大程度发挥员工的主观能动性、积极性和创造性，驱动个体和组织的整体潜能，激发士气，为企业创造效益。建立激励机制的核心，就是把个人为项目做出的业绩与个人利益联系在一起，其本质是要使个人的行为成为能促进企业提升效益的行为。因此激励机制的好坏在一定程度上是决定项目成败的一个重要因素，企业应加强内部管理，建立一套行之有效的激励奖惩体系，形成"有岗、有责、有流程、有评议、有奖惩"的工作机制，实现制度、机构、岗位、人员、责任的有机结合。坚持以人为本，强化物质激励的同时，要重视精神激励的作用，强调公平性，讲求差异性，适度拉开激励层次，鼓励先进，勉励后进，奖惩分明。通过人才激励，树立榜样作用，使员工获得归属感和自我价值实现。

（四）信息化建设

进入信息化时代，市场竞争日趋激烈。信息化在促进企业高效发展、提升企业核心竞争力方面发挥着举足轻重的作用，是企业实现长期持续发展的重要驱动力，也是实现标准化、规范化发展的必由之路。监理企业应提高思想站位，高度重视企业信息化建设，以信息化助力企业实现"精前端、强后台"的项目协同管理模式。精前端就是借助信息化和智能化的手段，打造信息化智能化项目监理机构，配备具备项目管理技术、领导能力、战略与商务分析能力的精前端人才，提升现场监理履职能力，为业主提供高质量的信息化监理服务。强后台，就是要加强企业总部支撑，发挥技术、管理等各种资源支撑的作用，实现信息资源整合统一。通过监理信息化平台和移动通信设备，实现协同工作，及时准确了解项目现场实际工作状态，实现"前方有管理，后方有支撑"的管理模式，不断提升企业后台与前端项目间的高效联动。

（五）企业文化建设

企业文化是企业的无形资产，是企业的软实力。对外可以提升企业应变能力，对内可以提升企业员工的凝聚力与向心力。监理企业在建设企业文化时，要考虑以下几点。一是要树立客户利益至上的理念。监理是因业主和项目的需求而存在和发展的，如果忽视了业主的利益，那就是竭泽而渔的做法。不论是做施工监理，还是转型做全过程工程咨询，都要以业主利益为先。做的事情不一样，但"客户就是上帝"的理念不能变。我们现在面临业主不信任、不敢充分授权的问题，很大程度上就是因为忽略了业主利益。二是要树立质量为先的理念。我们要牢牢立足保障工程质量安全这个监理工作的出发点和落脚点，严格落实企业主体责任，把质量安全作为监理的核心职责，在履职中时刻保持警觉，时刻牢记质量安全使命。三是要树立至诚至信的理念。实践证明，企业文化建设是推动企业前进的原动力，而企业诚信作为企业核心价值观是长久不变的，它是企业文化与企业核心竞争力的基石。只有在合同履约中遵守诚信理念，企业才能拥有更多的客户，从而拥有更广阔的市场，赢得长期的可持续发展的格局。

不忘初心，方得始终。监理行业要坚持以保障工程质量安全为使命，诚信经营，诚信执业，努力做好监理工作，当好工程卫士，不辜负国家、社会的期望，为促进建设监理行业高质量发展，为迎接党的二十大的胜利召开，做出监理人应有的贡献。

附件 2

监理企业诚信建设与质量安全风险防控经验交流会总结

中国建设监理协会副会长兼秘书长　王学军

（2022年8月23日）

同志们：

今天，中国建设监理协会在合肥召开监理企业诚信建设与质量安全风险防控经验交流会，为落实新冠肺炎疫情防控要求，本次会议采取会场和线上直播的方式召开。来自18个省、6个行业协会分会，共计100余人参加线下会议，线上累计观看2万余人次。会上早生会长作"不忘初心勇担当 牢记使命促发展"的报告，阐述了监理保障建设项目的工程质量、安全生产以及人民生命和国家财产安全的历史使命和初心所在。监理要履职尽责，当好工程卫士，要加强自律，筑牢诚信基石。他从党建、人才队伍建设、激励机制建设、信息化建设、企业文化建设等5个方面希望监理要认清形势，夯实发展根基。我们要结合行业发展实际认真思考。

这次会议共收到56篇推荐交流材料，选出了37篇汇编成册，邀请了9家监理企业在会上与大家分享他们的经验与做法。安徽国华工程科技（集团）有限责任公司根据公司20余年的项目实践经验，总结出当前形势下，增强意识观念是根本，管理与技术创新是手段，团队协同是保障的发展理念。结合工作实践，阐述了以管理创新、科技创新提升监理管理水平和服务水平的重要性。江苏苏维工程管理有限公司介绍了公司建立的监理三级安全管理体系。从制度建设、检查实施、执行、纠偏等方面进行管控和实践，落实公司各层级安全管理工作责任，开展项目互查等，提高安全工作管理水平，切实做好安全风险管控工作，形成了一套适合监理企业的管控体系，从而有力地规避了安全风险。厦门高诚信工程技术有限公司介绍了企业自成立至今，坚持诚信经营，勇担社会责任，树立品牌形象。在工程质量安全风险防范过程中，通过风险的识别、评估、分析、防控等一系列流程和制度，提升监理履职能力，同时加强校企合作，走上了融合发展之路。深圳市燃气工程监理有限公司介绍了在深圳城中村燃气改造项目监理过程中克服的困难，严把质量关，严控施工安全。依托监理项目管理软件实现工程全过程标准化管理，采用信息化手段实现动态的工人实名制管理，运用移动互联技术对重点部位、重要环节工序实施全过程管理。经过8年实践，摸索出了一套行之有效的监管办法。湖北中晟宏宇工程咨询有限公司介绍了企业自主研发的数字化平台，历经十年，将工作标准化、模块化、数据结构化等方面的改革创新思路充分融入了公司的数字化平台建设，实现了工作标准指导、履职履责查询、企业大数据分析等工作的数字化运行，明显提升了企业质量安全的管控能力。湖南友谊国际工程咨询股份有限公司介绍了企业坚持"诚信、专业、守法、勤奋"的经营理念，通过建章立制不断强化诚信体系建设，开展与诚信主题相关文化活动，重视客户回访，同时运用科技信息化技术，不断提升执业诚信力。山东新世纪工程项目管理咨询有限公司介绍了企业现行的质量安全分级管理制度，要求对整个工程项目进行全过程、全方位的管理和控制，贯穿工程设计、施工、竣工验收、保修期等一系列环节，强调风险预控，重视纵向与横向的拓展。同时，运用信息化系统收集监理相关的国家法律法规、规范标准、监理服务相关数据，及时分析研判，在保障工程项目的质量安全防控实施方面起到重要作用。宁波市斯正项目管理咨询有限公司介绍了公司诚信建设体系，从人员、合同履约，诚信平台搭建、开展诚信个人评选等推进诚信建设，效果明显。在质量安全风险防控方面以西洪大桥工程为例，从企业和项目监理机构两个层面介绍了质量安全风险防控措施及监理工作成效。山西协诚建设工程项目管理有限公司分析了监理企业实施总体风险防控的形势和必要性。从市场行为、运营、法律及财务等方面探讨了监理企业存在的风险，介绍了企业建立健全总体风险防控管理体系，总结了以诚信管理、廉洁执业、信息化和运行考核推进总体风险管理的经验。

上述9家会员单位与大家分享了他们在诚信建设和质量安全风险防控中的经验和做法，值得大家学习和借鉴。同时他们还对监理行业健康发展提出了很好的建议，我们将认真研究。由于时间关系，未能在大会上交流的单位，我们已把交流稿件汇编成册，供大家学习借鉴。

这次诚信建设与质量安全风险防控经验交流会，对深入推进工程监理行业诚信体系建设，筑牢质量安全风险防控意识，营造诚信、自律、和谐的市场氛围，提高监理服务质量和保障投资效益，促进监理行业高质量发展将起到积极的推进作用。

下面我谈几点意见，供大家参考：

一、扎实推进诚信建设，促进企业诚信经营

2022年3月29日中共中央国务院办公厅印发《关于推进社会信用体系建设高质量发展促进形成新发展格局的意见》（以下简称《意见》），这是继《社会信用体系建设规划纲要（2014—2020）》之后，我国社会信用体系建设的又一重要顶层设计。《意见》在指导思想上明确，扎实推进信用理念、信用制度、信用手段与国民经济体系各方面各环节深度融合，进一步发挥信用对提高资源配置效率、降低制度性交易成本、防范化解经营风险的重要作用。

协会为维护监理市场良好秩序，推进工程监理行业诚信发展，构建了以信用为基础的自律管理机制，2021年开展了单位会员信用自评估活动，应当说，大部分单位会员积极地参加了此项带有自我革命性质的活动，自我评估90分以上的企业约占90%，但有部分单位会员因不同原因还未参与进来。当前，监理行业发展中遇到的诸多问题，如招标投标市场低价恶性竞争、施工现场监理履职不到位、高素质人才流失严重等，其根本原因是信用意识淡薄。通过企业诚信表现与招标投标市场挂钩，建立监理市场失信惩戒、守信激励的机制，遏制低价恶性竞争问题发生。通过诚信激励机制与监理履职挂钩，进一步落实质量安全监管责任，使质量安全意识内化于心，外付诸于行，不断提升质量安全监管能力，杜绝质量安全事故发生。通过制度建设和道德教育，促进企业和人才之间建立稳定的聘用关系，以公平合理的分配机制，以相互信任的道德品质，实现企业与员工建立命运共同体，共谋发展的良好氛围。

单位会员要重视和加强企业信用文化体系建设，积极参加协会开展的信用自评估活动。截至今年8月20日，监理协会在重庆、河南、天津、黑龙江四省（市）单位会员已全部参加了信用自评估活动，其余省（市）和分会共有229家单位会员还未参加信用自评估活动。希望这些地方协会和行业分会加强引导，督促单位会员参加信用自评估活动。协会也将对诚实守信的监理企业和监理人员，利用报刊、网络等媒体进行宣传，弘扬正气，传递正能量，引导监理企业走诚信经营，监理人员走诚信执业的发展道路。

二、增强质量安全风险防范意识，杜绝责任事故发生

当前，我国质量安全生产形势依然严峻，质量安全风险客观存在，如何及时、精准地识别风险，有效提高质量安全风险防范化解能力，使保障工程质量安全监理职责落到实处，监理工作者应当从以下几方面做出努力：

一是要进一步提高政治站位。把党和国家在新时期对工程监理提出的重要思想、重大举措贯彻到工程监理、工程咨询和项目管理的工作中，增强服务党和国家工程建设工作大局的政治自觉和行动自觉。建设工程的质量安全事关国民经济发展和人民的生命财产安全，监理作为建设工程五方责任主体之一，要自觉履行质量安全法定职责，强化质量安全管控责任，打造经得起历史检验的优质工程，让党和人民满意。

二是要牢固树立质量安全风险防控意识。切实增强风险防控主动性，凡事预则立，不预则废。要将质量安全风险防范作为一项常态化工作，贯穿监理工作全过程。企业通过加强业务培训、加强对项目监理机构落实情况的检查，督促监理人员真正做到重视质量安全防控、及时发现质量安全隐患，立即采取可行有效的措施，随时向单位和有关部门报告，不断提高风险防控的时效性、程序性和有效性。

三是要充分体现质量安全风险防范的科学性。发挥现代通信和网络技术在质量安全风险防控中的作用。在管理中要完善风险处置机制，实现制度化管理，落实责任人。同时加强企业信息化建设，利用信息化、智能化提升风险管理水平。推行在质量安全监管中视频监控与人工旁站并重，无人机巡航与人工巡查并重，智能设备检查与平行检验并重，做到质量安全风险智能监控，有效控制，杜绝责任质量安全事故发生。

三、持续推进监理标准化建设，促进监理行业健康发展

标准化建设是规范市场主体行为，

建立良好市场秩序，促进经济社会健康发展的重要措施之一。标准化建设有利于实现科学管理、提高管理效率和资源合理利用。今年，协会开展了《监理工作信息化管理标准》《工程监理行业发展研究报告》《工程监理职业技能竞赛指南》《监理人员尽职免责规定》《监理人员自律规定》《监理企业复工复产疫情防控操作指南》等6项课题研究，从宏观层面分析当前监理行业发展形势，研究规范行业行为；从实际工作出发，落实监理履职尽责。今年，协会还印发试行了《施工阶段项目管理服务标准》和《监理人员职业标准》两项工作标准，开展了《城市道路工程监理工作标准》等四项标准转团标研究工作，拟发布《房屋建筑工程监理工作标准》等四项团体标准。通过一系列标准编制和出台，达到规范监理工作，提升监理履职能力，提高监理服务质量，为监理合理取费奠定科学基础，进而促进监理行业健康发展。

四、加强业务知识学习，提升监理履职能力

随着经济与社会的快速发展，人们的意识形态和生活环境发生了翻天覆地的变化，建筑业加快了转型发展的步伐，逐渐向建筑产业现代化和绿色建筑发展。监理改革发展也是顺应建筑业改革发展趋势，从施工阶段监理向施工上下游延伸业务，从传统监理向数字化、智慧化监理发展。要从原始建筑监理向现代建筑监理发展。这次交流会，我们为各位会员代表赠送了《装配式建筑工程监理规程》和《建设监理警示录》，希望大家通过学习，掌握新的建造方式和业务知识。增强法规意识，吸取教训，认真履职尽责，提高监理服务水平。在为个人会员服务方面，协会开通了监理业务免费学习通道，根据建筑业建造方式变化和对监理工作的要求，组织编写了《施工现场安全生产管理监理工作》《施工阶段项目管理实务》《全过程工程咨询服务》《装配式建筑监理工作实务》等4本监理人员学习丛书，以充实监理人员业务知识，提升监理从业人员的专业素质。监理企业要不断提升核心竞争能力，根据自身的优势，选择适合自己发展的道路，共同推进监理行业健康发展。

五、协会下半年重点工作

（一）标准化建设。继续推进监理行业标准化建设，各课题研究负责协会，要广泛征求行业意见，认真研究，按时完成相关课题研究。

（二）业务培训。根据国内新冠疫情情况，下半年拟改变线下培训方式。由原分片区培训改变为以省（行业分会）为单位组织培训，协会将按照会员数量给予资金补助。具体办法近期将下发相关文件。希望省（市）监理协会、行业专业委员会积极行动起来，为加强业务培训、提高监理行业服务能力和水平而努力。

（三）信用评估工作。下半年继续开展单位会员信用自评估活动。各省（市）监理协会、行业专业委员会要重视单位会员信用评估工作，积极督促未参与信用自评估的单位会员积极参加信用自评估活动，争取单位会员信用自评估达到100%。

（四）发展会员工作。继续加大发展会员工作。从2021年统计情况看，现有监理企业9000余家，单位会员有1000余家。协会将要启动换届工作，理事单位名额将按照比例分配。希望省（市）、行业协会积极推荐单位会员，提高会员单位在监理行业的覆盖面。

同志们，2022年是第二个百年奋斗目标的开局之年，是"十四五"规划承上启下的关键之年。站在历史交汇点上，我们面临的机遇与挑战并存，发展与困难同在。让我们紧密团结在党中央周围，坚定信念，积极作为，创新发展。牢固树立监理制度自信、工作自信、能力自信、发展自信，发扬监理人在向业主负责的同时向社会负责、业务求精、坚持原则、勇于奉献、开拓创新的精神。在改革发展的背景下，坚持不忘初心，强化责任担当，积极拓展业务范围，坚持以人为本，以质量安全为基础，以市场需求为目标，以科技创新驱动监理健康发展，共同为推动建设监理行业高质量发展，为将我国建成社会主义现代化强国，为迎接中国共产党二十大胜利召开做出监理人应有的贡献。

谢谢大家！

论监理企业的总体风险防控管理

冯长青

山西协诚建设工程项目管理有限公司

引言

总体国家安全观给企业生产安全风险防控提供了重要指导，延展了企业质量安全管理问题的视野。为落实总体国家安全观，国家对企业管理提出了新要求，将各环节管理问题置于大局观中进行思考，成为企业风险防控的新任务。

2020 年 6 月，中央全面深化改革委员会第十四次会议审议通过了《国企改革三年行动方案（2020—2022 年）》，明确今后 3 年是企业改革的关键阶段。为深入贯彻落实党中央国务院关于国企改革三年行动的决策部署，国资委下发了《关于开展对标世界一流管理提升行动的通知》（国资发改革〔2020〕39 号）。形势决定任务。总体风险防控管理与企业的管理能力和水平紧密相关。作为一种系统管理要求，总体风险防控管理注重的是管理的全局性、系统性，而监理企业传统风险防控要素重在质量安全管控，为此，本文就新形势下监理企业的总体风险防控管理谈几点体会。

一、总体风险防控的必要性

总体风险防控管理是监理企业管理改革的大趋势，《关于开展对标世界一流管理提升运动的通知》（国资发改革〔2020〕39 号）已明确了管理提升行动的总体要求和重点任务。对照文件要求，监理企业可根据企业管理的短板和薄弱环节寻求管理提升的切入点，尤其是重点任务的第六条中关于"加强风险管理，提升合规经营能力"这一要求将是监理企业立足自身苦练内功，增强抵御风险的能力，不断增强竞争力，推进管理创新的突破点。

总体风险防控管理是监理企业生存发展的重要保障。监理企业是市场经济的产物，多为中、小企业，基本上没有强制力的保障，因此，企业总体风险防控管理水平直接关系到企业的生死存亡。目前，多数监理企业系统战略管理意识不强，碎片化管理，传统、单纯的"消防式"质量安全管理意识占主导地位，缺乏系统完善的总体风险管理体系，在复杂多变的市场竞争形势下，稍有不慎就可能直接将企业置于法律的红线，使企业付出惨重代价，轻则支付巨额赔偿，重则直接被吊销营业执照，从而导致企业破产倒闭。因此，强化总体风险防控意识，促进总体风险管理体系的设计，构建各类风险检测预警机制，提高风险预控管理的效率，坚决守住不发生重大风险的底线，必然是监理企业管理的永恒主题。

总体风险防控管理是企业高质量发展的基石。监理企业的主营业务实质就是"管理服务"，提高效率效益是企业经济活动的根本目的。抓工程项目风险防控管理就是为了不断增长企业的经济效益。总体风险防控意识不强，必然会主业不精、防控管理不到位，导致市场拓展举步维艰，企业经营效益可想而知。因此，有效提升监理企业的总体风险防控水平，增强驾驭市场和抗击风险的能力，是促进企业经营效益持续增长的最佳途径。

二、监理企业面临的风险探析

监理企业的职责以及业主方管理的特点，决定了监理工程项目管理服务必须要有极高的总体风险管控能力。任何一个管理环节发生风险，任何一个项目发生质量安全事故，都可能是总体系统管理环节的问题。监理企业是市场经济的产物，目前仍面临市场化发育不完善和自身管理等问题，加之建筑施工安全形势严峻，施工安全基础薄弱，重特大事故尚未完全杜绝，相关部门把建筑工程各类责任风险都叠加到监理企业，这就决定了总体风险防控是监理企业的最大问题和难点。所以，我们必须认清形势，以问题为导向，辨别管理风险源，制定有针对性的全方位、系统性的风险防控策略，做到防患于未然。实践中，通过对监理企业责任问题案例处理的分析，发生较多的风险源一般主要为市场行为风险、运营风险、法律风险及财务风险等。

（一）市场行为风险

监理企业数量多、规模小，生存艰难，竞争较为惨烈，有时甚至"不择手段"，服务质量普遍不高，同时部分企业允许个人和低资质监理企业挂靠，利用资质经营等问题也较为突出。上述行为在《建筑法》《建设工程质量管理条例》中明令禁止，属于违法违规行为，要承担相应的法律责任，情节严重的会被清出监理市场。

（二）合同管理风险

由于目前建筑市场发包方与承包方往往处在一种不平等的地位，招标投标以及合同签订时，业主往往会利用其优势地位，将风险不合理地通过招标文件和监理合同约定转嫁至监理单位，从而导致合同条款的不平等。在合同协议中通过苛刻的条件把风险隐含在合同条款中，让监理方就范，而监理方又处于弱势地位，为了急于承揽工程，往往受制于业主，很难和对方进行平等的谈判，对自身权利不敢据理力争，盲目地屈从自然就增加了履行合同的风险，长此以往因监理业务竞争而导致合同履行的风险将越来越高，监理企业的经营状况也将越来越恶化。

若监理企业合同管理体系和机制不完善，缺乏严谨的合同评审机制，就不能正确对待监理合同相关内容。最常见的问题有：签约合同金额低，造成先天性项目亏损；合同约定付款比例与监理成本支出严重失衡；竣工付款结算审核时间过长，易形成呆账、坏账。这样在合同履约过程中，因服务费用低廉而导致监理服务流于形式所引起的管理失控，

往往就成为风险事故的主要隐形原因。

（三）监理费回收风险

监理费回收是监理企业财务管理的难点。工程监理业务前期投入大，时间跨度大，项目种类多，涉及范围广，致使监理企业应收账款规模持续攀升，付款周期延长，监理费回收的风险越来越大，尤其小企业因现金流不良状况而破产倒闭的情况，比比皆是。

（四）诚信管理与执业风险

诚信是监理企业生存与发展的根本，诚信管理是企业风险管理系统的集成。当前国家不断健全的信用法律法规和行业标准制度、日趋协同的联合奖惩机制、强大的"互联网＋"监管系统，正在使我国新型信用监管体系逐步完善，也正在实现对各类市场和企业的全面诚信管理。监理企业传统的管理方法已经不能满足政府基于信用的新型监管机制，企业的诚信风险正在日渐增大。提高依法诚信经营意识，强化诚信体系管理，并从组织架构、权力制约、业务流程、制度体系、信息系统及数据资料、人员等方面进行认真分析，针对问题形成的根本原因，从公司战略出发，狠抓诚信体系建设，规避诚信风险成为企业经营者的重要责任。

在此基础上，企业的廉洁执业对诚信风险控制的影响也极大。工程建设领域本身是腐败高发区，监理人员如果不能遵守职守道德的约束，甚至谋求私利，那么贪小利、酿大祸的行为发生频率就会增大，企业必然会因此而面对相应的风险。

（五）人力资源管理风险

中、小监理企业人力资源面临多方面的风险管理，主要表现在人员供给不足、员工队伍不稳定、人员流动频繁、人员素质参差不齐、劳动力成本上升等诸多

问题。加之企业重眼前利益，缺乏人本文化建设理念，员工归属感不强，企业凝聚力丧失，人力资源管理风险就会呈明显上升趋势。以人力资源为本是监理企业的显著特征，人力资源管理是控制其他风险管理的基础。基础不牢，地动山摇。

（六）质量安全管理风险

按现行国家法律法规规定，监理企业需承担质量安全生产管理风险。如何采取有效措施以减少建设工程的质量安全风险，历来都是监理工作的重中之重，也是监理工作的重要风险控制管理。问题是工程建设质量安全涉及多方责任主体，龙多治水，潜在的风险和隐患可想而知。由于监理是其中责、权、利不均衡的弱势群体，在复杂的市场环境中，在事故处理中往往承担着质量安全管理不到位的风险，对发生重大及以上质量安全事故负有责任的监理企业，轻者停业整顿、降低资质，重者吊销资质证书。质量安全管理发生大问题必将给监理企业带来致命风险，质量安全风险管控的重要性是不言而喻的。质量安全问题的发生主、客观因素很多，但监理必须立足自我，要始终坚持质量安全风险管控底线原则，在监理工作上要有新突破，重在总体系统预控管理上补短板、精细化管理上严标准、监理履职上做文章、监理资料上见成果，把控制风险的能力转化为企业的竞争力。

三、总体风险管理实现的途径

（一）转变观念，提高企业总体风险防控意识

观念决定方向，促进企业总体风险防控意识的灵魂是观念创新。要以学习

理解国家的总体安全观为指引,将国家总体安全观转化为企业的总体安全观,将企业传统质量安全管理延展为总体风险管理,从而将公司管理层的总体风险意识转化为全体员工的风险防控意识,自上而下形成全员的管理体系,为建立总体风险防控体系奠定坚实的基础。

（二）建立健全总体风险防控管理体系

建立总体风险防控管理体系是企业发展的重要保证。要认真贯彻落实国资发改革〔2020〕39号文件精神,认真总结和梳理多年来公司安全风险管理工作方法,在继承的基础上构建全面、全员、全过程、全体系的防控机制。要将各部门管理职责、管理流程和风险源辨识方法固化下来,制定总体风险防控管理体系手册或标准,推进风险管理与经营管理的深度融合,推进体系运行与项目风险管理的有机融合,突出抓好规章制度、经济合同、资金流动、重大决策的法律审核,提升合规经营能力,守住不发生重大风险的底线。

企业总体风险管理和业务流程管理密不可分,业务流程是开展总体企业风险管理的重要支撑。建立企业总体风险管理体系,重在以优化业务流程为突破点,强化企业内控流程管理,完善优化各业务流程梳理、风险识别、风险评估、风险管控措施和管控效果的回馈及改进的循环流程。其核心是关注业务流程的风险点,依托各业务流程,辨识出风险点,形成风险分析、风险识别、风险管控和风险改进的总体风险管理体系。

（三）诚信管理、廉洁执业是风险防控的根基

树立诚信建设、廉洁执业是监理工作的红线、底线意识,底线不能破、红线不能碰,把诚信管理工作作为总体风险防控体系的基础支撑要素,将遵守国家法律法规作为公司发展的准则,全方位提升合规经营能力,就有力地保障了企业的健康发展。

企业各级管理人员廉洁执业素质是总体风险防控体系的首要环节。实践证明,工程质量安全事故多与参建各方人员的职业道德相关,也不乏有些人员在监管过程中谋求私利,更甚者在建设过程中私相授受,贪污腐败这种情况也屡见不鲜。正因为一些贪污腐败情况的存在,导致了工程质量安全事故的发生。因此建立总体风险防控体系,必须高度重视廉洁执业管理,明确各类风险管理责任人。要从上到下组织各级管理人员签订廉洁自律责任书;建立企业监理人员个人诚信档案,把个人诚信、廉洁自律作为重要考核依据;可以把党建工作与廉洁建设紧密结合,建立党委领导下的督查领导组,加大对廉洁执业和公司重点计划执行情况全方位的督查工作,以廉洁建设和作风建设为抓手全面推进总体风险防控能力建设。

（四）以信息化推进总体风险管理

为保证总体风险防控机制的运转,解决风险查询跟踪不便,风险隐患信息反馈不及时等问题,可以用信息化为抓手,进行信息化平台建设,从项目部标准化工作起步,严格按照项目部风险管理流程进行设计,可由业内资料数字化、形象进度风险评估与控制、危大安全项目风险库等模块构成。平台建成后项目部按流程节点要求将项目部监理业务风险类型录入系统,由公司相关管理部门对风险进行全过程跟踪管理,并根据整改情况进行检查验收、考评工作。

总体风险防控信息化系统的建立,可以实现项目部风险的实时报送、逐级管控、数字化建档、快捷查询、规范保存等功能。

（五）总体风险管理体系运行的考核

体系的建立与正常运行离不开考核机制,通过检查考核,强化责任落实,同时发现体系运行存在的问题,是持续改进的重要手段。为此,必须通过督查考评等办法,才能有效推动体系的不断运转和不断完善。

实践中,可将年度风险管理工作内容纳入年度重点工作计划,各职能部门细化分解,在部门月度、季度工作计划中具体落实。同时可以建立季度督查通报工作机制,督察领导组每季度对各职能部门落实执行情况监督检查,并将督查结果和意见通报各部门,对未按要求落实的部门,可依照绩效考核标准实施考核奖惩。

结语

毋庸置疑,企业风险管控是当代企业管理者关注的重点,而且同行业中也有很多成熟和很好的经验。笔者受国家总体安全观的启发,结合工作实践,进一步体会到单一的风险事故总是与系统管理环节紧密相关,系统管理的失控往往是风险发生的根源。就这一点来说风险管理是企业永恒的管理主题,也是新时代的新命题,需要我们继承创新,总结经验,不断探索,久久为功。这样,我们才能不断增强工作的前瞻性和主动性,守好不产生重大风险的底线,为企业的高质量发展奠定坚实基础。

诚信立足　创新致远

李伟华　　郭春楚

厦门高诚信工程技术有限公司

厦门高诚信工程技术有限公司前身为厦门市建设监理事务所，成立于1988年10月，为隶属原厦门市建委的国有企业，为全国首批监理试点单位之一。1993年11月，获批全国首批、福建省唯一的甲级监理资质。公司相继承担了福建省首个监理、首个代建、首个项目管理的技术咨询服务。2003年作为福建省监理行业的试点改制样板单位，更名商号"高诚信"，寓意为业主提供高质量、高水平、高标准的技术咨询服务，诚立天下，信赢未来。企业发展30余载，荣誉奖项无数，见证了中国建设监理发展的足迹。作为一个与中国建设监理事业同步的传统咨询企业，公司始终坚持诚信经营理念，树立企业品牌形象，勇于承担社会责任，为振兴监理行业而不断努力。

一、诚信立足，坚持企业品牌至上

（一）以党建为引领，塑造企业文化

1. 以党建为引领，不断提升公司党支部的政治领导力和组织战斗力，提升党建工作成效，积极发挥新时代党员、先进模范员工的先锋示范作用，促进企业诚信经营。

2. 以诚信为企业文化的核心价值观，诚信于社会、客户、员工。企业诚信待人，尊重员工，关爱员工，满足广大员工的归属感、幸福感，让企业成为员工的"精神家园"。加强人才队伍建设，保持人才队伍稳定，凝心聚力，促进企业健康发展。

3. 充分发挥工会组织作用，打造"职工之家"，解决员工诉求，为员工分忧解难。以"创建学习型企业"为载体，建设"职工书屋"，打造精神驿站，提升员工修养和素质。开展知识讲座，组织团建活动，丰富员工生活。

4. 公司组建志愿者团队，积极参与社会公益活动，履行社会责任。在厦门市防疫抗疫、城市美化及文明建设等现场，处处闪耀着公司志愿者的身影。

（二）信奉诚信经营，筑牢思想防线

1. 公司成立以来，永葆本色，不忘初心，始终坚持以"诚信为本，客户至上，信誉第一"的经营宗旨立足于市场经济的大潮中。作为福建省监理行业的骨干企业，公司诚信经营，稳中求进，连续多年荣获厦门市思明区"重合同守信用"及"纳税大户"等荣誉称号。

2. 公司经常对员工开展廉洁思想教育，签署《廉洁自律承诺书》。要求员工遵守《监理职业准则和行为规范》，树立正确的价值观。加强廉洁风险防控，建立防控长效机制，规范员工行为，防范职业道德风险。

（三）维护行业秩序，抵制低价竞标

自公司成立以来，始终不唯经济利益至上，坚决抵制以降低服务质量、减少服务内容、降低监理取费等为手段的恶性竞争。积极倡导公平竞争、合理收费、优质服务，以维护良好的市场秩序。坚定不移地践行"行业利益高于企业利益，企业利益孕育于行业利益之中"的理念，自觉规范企业自身行为，发挥骨干企业的引领和示范作用。

（四）始终践诺履约，坚持诚实守信

公司以获取业主满意度为目标，延伸监理上下游业务服务，努力为业主提供优质、增值的技术服务，深受业主好评。在监理过程中，公司遵约守信，践诺履约，公司项目管理中心主动拜访业主，听取业主意见，多年来所监理的项目无一投诉。

二、风险管理，确定监理风险对策

（一）制定管理计划，确定管理目标

1. 根据监理行业特点，公司将风险定义为：工程监理实施过程中潜在的不利事件的发生概率及后果的组合。风险管理旨在通过风险管理计划、风险辨识、风险控制及风险后评估等，规范、指导、完善监理日常行为，消除风险因素，减少和杜绝风险事件发生。

2. 公司制定风险管理计划、风险管理目标和风险接受准则，并作为质量体系程序文件的组成部分。

3. 收集、分析、研究各地的工程质量安全事故案例及事故调查报告，做到以此为鉴，防微杜渐。收集国家法律法规、部门规章及省市建设主管部门的规范性文件等，分门别类进行整理成册，形成《文件汇编》，作为监理工作的依据和指南。

（二）识别风险因素，开展风险评价

1. 根据《文件汇编》，进行风险因素识别。对监理的职责和行为因素进行统计，将违反法律、法规及相关规定的监理行为均视为监理的风险因素，并适时进行调整和补充。

2. 开展风险概率发生评估和后果分析，确定风险等级。根据风险事件发生的可能性和风险损失、行政处罚、社会影响等，将风险因素由高至低分为高、中、低三个等级。

3. 根据对监理风险因素的识别、分析、评价等，公司编制了《建设工程监理风险防控手册》，员工人手一册，作为监理工作的指导。

（三）落实风险对策，加强风险防范

1. 根据《建设工程监理风险防控手册》，结合工程项目特点，要求各项目监理部编制风险防控监理实施细则及应急预案，落实风险控制措施，开展监理风险的自查自纠，规范监理行为。

2. 结合公司组织的项目检查、专题会议、内部培训等，将监理的风险管控作为重点监理工作，警钟长鸣，常抓不懈。

3. 加强危大工程监理工作的风险管理。根据《危险性较大的分部分项工程安全管理规定》（住房和城乡建设部令第 37 号）、《住房城乡建设部办公厅关于实施〈危险性较大的分部分项工程安全管理规定〉有关问题的通知》（建办质〔2018〕31 号）及相关规定，公司制定了危大工程监理风险因素及监理对策见表 1。

三、风险防控，打造监理行业标杆

（一）重视信用评价，保持信用优势

1. 为推进福建省工程建设领域诚信体系建设，构建"诚信激励、失信惩戒"机制，规范监理市场秩序，保障工程质量安全，福建省住房和城乡建设厅于 2015 年 11 月发布了《福建省工程监理企业信用综合评价暂行办法》（闽建〔2015〕7 号），以及配套的工程监理企业通常行为评价标准、项目实施行为评价标准及建设单位对监理评价标准，旨在通过量化评分对福建省的监理企业进行综合信用评价排名。该办法于 2017 年 1 月 1 日起实施，自福建省监理企业信用评价排名 5 年以来，公司排名稳居福建省 2000 余家监理企业的前列。

2. 与企业信用综合评价排名密切相关的是项目实施行为评价，根据《福建省建设工程质量安全动态监管办法》，由各地质监部门开展每季度的双随机检查记分而定。针对《福建省建设工程质量安全动态监管办法》涉及监理记分的条款，公司重点研究、学习宣贯和落实执行，要求每位监理人员对检查条款烂熟于心，逐条对照，自查自纠，逐一应对。

3. 根据公司对项目检查的情况，结合双随机检查的记分结果，公司定期组织各项目监理部工作质量的评比活动，实行奖优罚劣的经济手段，并进行差异化管理，极大地促进了项目部工作质量提升。

（二）开展公司检查，消除隐患风险

1. 由公司项目管理中心定期对项目监理部进行检查，已成为公司一项常态化、制度化的机制。通过检查，可以直接掌握、考核及评价工程项目监理水平、监理行为及总监工作成效，消除潜在风险。

2. 重视检查后的总结，及时归纳、汇总、分析容易出现的共性问题，反思存在不足，提出针对性的处理措施。

3. 定期组织召开总监会，通报公司检查结果，适时进行总结。召开线下会议，线上全员参加，实现"双线齐飞"，实现信息化管理。在总监会议上，公司项

危大工程的监理风险因素及监理对策　　　　　　　　　　　　　表 1

序号	危大工程监理的风险因素	风险级别	监理对策
1	编制监理实施细则	高	编制危大工程的监理实施细则，由总监负责审批
2	审查专项施工方案	高	依据《关于印发危险性较大的分部分项工程专项施工方案编制指南的通知》（建办质〔2021〕48号）及相关文件对专项施工方案的内容及编制程序进行审查
3	实施巡视检查	高	编制《监理巡视记录》，并在《监理日志》记录
4	督促整改或停工	高	针对现场存在问题，下发《监理通知单》或《工程停工令》，并报告建设单位
5	向建设主管部门报告	高	督促施工单位整改或停工，施工单位拒不整改或不停止施工时，提交《监理报告》至当地质监部门
6	参与组织危大工程验收	高	参与基坑支护、边坡、脚手架、建筑起重机械等危大工程的验收，并签署验收记录
7	建立危大工程管理档案	高	将监理实施细则、专项施工方案审查、专项巡视检查、验收及整改等相关资料纳入档案管理

目管理中心将各工地检查照片制作成图文并茂的幻灯片放映，进行检查通报并分析点评，达到激励先进，鞭策后进的目的。此做法对促进各项目监理部之间取长补短，互相学习、沟通和交流取得了较好的效果。

4. 针对部分业主担心"监理不到位"的问题，公司认真进行反思，从思想素质、专业技术、监理履职、监理人员、监理记录和资料，以及企业监管及支持等六方面入手，破解"监理不到位"的问题，让业主放心。

（三）加强企业内训，提升员工素质

1. 通过常态化的企业内训，加强监理人员的思想素质教育，提升监理人员自我保护的意识，完善自身监理工作。

2. 通过微信圈信息发布、短视频讲解等方式，及时传达和落实上级主管部门的工作要求。如新修订的《安全生产法》颁布后，公司第一时间组织学习、传达和宣贯。同时要求项目部要开展组织学习，并留存学习记录。

3. 在工程开工前，公司项目管理中心组织对项目监理部人员进行风险交底，讲解要点，防范监理风险。

（四）做好风险防控，创建优质工程

1. 针对安全事故"五大伤害"之首的高处坠落事故，公司给予重点防范，全力消除隐患，将《建筑施工高处作业安全技术规范》（JGJ 80—2016）的要点传达到每位监理人员，确定高处坠落的危险源及监理行为指南。在公司监理的多栋超高层建筑中，如厦门市地标建筑世茂海峡大厦、海峡明珠广场、杏林湾商务营运中心 12 号楼等工程，监理管理到位，措施执行有力，未发生一起安全事故。其中杏林湾商务营运中心 12 号楼工程荣获国家优质工程奖、中国安装工程优质奖、"福

建省建筑业 10 项新技术应用示范工程"、福建省"闽江杯"优质工程奖等十余项奖项。实力创造荣誉，荣誉彰显实力。

2. 公司监理的厦门国际银行科技研发中心工程，在安全生产标准化建设方面成绩显著，被中国建筑业协会授予"建设工程项目施工安全生产标准化建设工地荣誉证书"，作为示范工程，以供全国范围的同行观摩及学习交流。

3. 福建省儿童医院（区域儿童医院医学中心）工程建设投资 19.76 亿元，是党的十九大以来福建省卫生计生领域第一个开工建设的民生补短板重大项目，达到国际水平的国内一流现代化儿童医院。公司承担该项目的前期全过程代建＋施工监理，在立体交叉施工过程中，公司加强质量安全风险防控，实现了项目提前竣工并投入使用，业主非常满意。该项目作为福建省重点建设优胜项目，受到了福建省人民政府的表彰。该项目评为"闽江杯"优质工程奖，并荣登 2021 年12 月《福建建设监理与咨询》杂志封面，被评为省级重点项目参建单位业绩信誉 A级（信誉良好）。

4. 厦门国际悦海湾酒店工程，采用BIM 技术进行施工质量的监控。通过组织协调，及时消除各专业图纸错漏碰缺等风险，减少返工，提高施工效率。

四、守正创新，促进企业融合发展

（一）凭借诚信优势，评定分离中标

建设工程招标投标"评定分离"作为厦门市一项重大的招标投标制度改革，于 2020 年 12 月 26 日起实施，并在市重大重点项目招投标中试行。公司在厦门绿发新时代广场项目的投标竞标

中，凭借综合实力、品牌优势、信用评价和良好业绩一举中标。这是厦门市在重大重点项目招标投标中，首次采用监理"评定分离"办法定标，开创了监理招标投标"评定分离"的新模式。

（二）坚持开拓创新，助力多元发展

依托公司工程监理的主业，公司积极拓展，多元发展，项目代建、工程造价、招标代理、全过程工程咨询等多项业务并行，监理业务延伸至重庆、新疆等地。从 1997 年始，公司率先承担了多项业务组合的"1+N"全过程工程咨询服务，业务范围涵盖项目管理顾问、项目代建、工程监理、投资决策咨询、招标代理、造价咨询、房地产开发、EPC 项目工程咨询服务等。

（三）开展校企合作，推进科技兴企

公司集聚人才、技术、资质等优势，发挥管理、经验、资源等特长，着力向全过程工程咨询及智能建造等方向发展。近年来，公司与知名科研院所、设计院建立了战略合作关系。与双一流高校福州大学建立校企合作关系，开展"产学研培"，在人才培养、科学研究、智慧土木、智能建造学科建设等方面开展合作，共建研发平台和学科建设，共建全过程工程咨询研究中心、智能建造和建筑工业化协同创新中心。公司设立了福州大学博士工作室、福州大学 BIM 研究中心分中心，助推公司技术创新、管理创新，增强企业内生动力，提升企业核心竞争力，争当新时代转型升级、创新发展的先行者。

诚信立足，创新致远。乘着新时代春风，我们将秉承以"诚"为基、以"信"为本，真诚希望与社会各界同仁一道，携手同行，为开启监理新征程汇聚磅礴力量，一起奋进在新时代的浩荡春风里，共创美好未来。

数字化建设赋能监理质量安全管控

陈继东 刘 京 肖 凯 黄 源

中晟宏宇工程咨询有限公司

摘 要：监理行业的高质量发展离不开数字化建设，在企业管理实践中，应将工作标准化、模块化、数据结构化等内容融入数字化平台，不断加强平台的建设与研发，将一系列工作模板、工作标准、履职数据进行有效嵌套融合，以实现标准化作业指导、履职履责查询、企业大数据分析等方面工作的数字化运行，这也将会显著提升企业质量安全的管控能力。

关键词：数字化平台、工作标准、质量安全、大数据赋能

引言

随着我国在数字化建设方面的大力布局，数字化建设的辐射范围越来越广。近年来，我国工程建设领域的数字化建设发展得如火如荼。而工程建设本就是一个复杂多变的过程，不断产生大量实体建造数据，伴随着许多相关的咨询服务数据，其数据结构也较为繁杂。

数字化建设对复杂的数据整合和利用具备优势，建筑行业数字化建设在业内得到了普遍认可，作为工程咨询企业，要推动建筑行业的数字化建设，就必须着眼于企业管理模式及项目自身特点，脚踏实地开展相关研发工作，只有这样，才能实现数字化助力企业质量安全管控能力的提升和实质性落地。

一、监理工作的标准化、模块化

（一）规范质量安全管理的履职行为

监理企业高质量发展必经之路是标准化，而数字化又是实现标准化的重要手段。如何提高企业整体综合实力，仅依靠传统的业务培训、师带徒等手段，远不足以根治一线员工业务水平参差不齐的状况。据此现状，通过大力挖掘和提炼标准化的工作模板，同步开展企业数字化平台的研发建设，实现以标准化工作为基石，数字化平台为载体，来整体提升员工的综合业务水平，从而真正意义上提升企业在质量安全方面的管控能力。

经过多年技术迭代和应用反馈，数字化平台"工匠兔"手机APP已经实现了监理"八大工作标准业务模块"，即工程进展、现场问题、现场巡视、旁站、材料验收及见证、平行检验、方案审核及审批和其他工作八类。APP实现了项目一线员工工作履职标准化，将数字化平台前期建立的各种工作标准与各工作业务模块进行了嵌套融合。

例如某监理工程师要做旁站记录，只需点击"旁站"的工作标准业务模块，进入模块后可选择"旁站类别"，一线员工就能看到此类旁站需要检查哪些事项，需要记录哪些数据，同时可以直接在填报界面查询到此项旁站的标准化填报样板作为参考。填写完毕后，可导出图文并茂的PDF文档，并直接打印存档（图1）。

如此标准化的工作，可以提升员工综合业务水平，强化质量安全管理能力，也极大提升了工作效率，真正实现了利用数字化平台为项目管理高效赋能。

图1 旁站工作数字化录入与输出

（二）形成监理工作统计数据图表

企业工作标准化必然能够提质增效，同时，标准化的数据也在不断积累，将这些大数据统计、整理、分析、储存并合理使用，可以形成企业宝贵的结构化数据财富，成功将标准化的成果转换成结构化的数据，并深度挖掘结构化数据价值，再通过大数据的手段对数据加以分析、应用。大数据的数字化应用，从一线员工在进行履职信息录入时就已经开始了，后台将一线员工录入的各类数据进行自动分类归档，形成了"材料见证取样分类台账""问题发现分类台账""旁站统计汇总表""方案审核及审批的汇总表"等数据库，并自动生成对应的统计分类图表。

项目监理机构在召开周例会时，可直接将以上数据进行下载，通过简单的排版就可以形成标准化、数据化、图表化的PPT汇报材料。监理月报也同样可以直接提取这些结构化的数据，快速形成数据完备的监理月报。

结构化数据应用使企业获得了大数据＋算法的能力，逐步实现了大数据辅助项目管理和决策、大数据助力企业发展等一系列的算法应用。

（三）履职记录完整可查

监理工程师将日常履职的监理工作数据上传至"工匠兔"手机APP的"八大工作标准业务模块"后，可即时、自动生成项目级、个人级的监理日志，其中的数据信息是不可以进行篡改的。"工匠兔"APP还可以进行电子签章批阅，并可直接导出监理日志电子文档，生成的文件也不可改、不可逆，并可以打印存档。

项目监理机构负责人、管理层和相关责任人均可对以上数据进行查询，例如项目发生混凝土质量缺陷，即可查询当天混凝土验收的图片、坍落度试验和试块制作的数值、参与混凝土旁站的人员信息等。如此操作，可及时对质量或安全问题追溯具体产生原因或提供监理履职证明，为监理工作提供翔实完整的履职记录。

项目负责人、高管、公司事业部和职能部门均可对其管辖的项目监理机构成员所上传的"八大工作标准业务模块"的日常履职行为进行打分评价。如查询、点评其工作是否到位，是否认真负责，上传内容是否齐全、完备，或有无缺项、漏项、错项，指导性意见或建议等，还可以对此项履职工作进行评价，挂接贡献值算法对员工履职履责进行监督管理。

二、关键信息的扫码录入、智能反馈

（一）特种设备／人员信息

在未采用数字化管理手段的项目监理机构，在收集各施工单位提供的特种设备／人员等安全管理关键信息时，只能采用传统方法：收集相关资料复印件→

手动输入电脑表格登记台账→纸质打印显示成果的模式。因此，在传统方法建立特种设备/人员信息台账时，录入工作量大，且特种设备/人员证件超过有效期或施工单位有特种人员进出场时，往往存在信息台账更新困难、查询不便捷、信息与实际不对应等问题，难以对特种设备/人员进行及时有效的监控。

"工匠兔"APP中运用现代互联网技术，结合二维码扫码的方式，开发出安全管理关键信息的扫描录入功能。

监理人员在审核施工单位报审的特种设备/人员证件后，即可通过"工匠兔"APP扫描各施工单位提交的纸质证件上的二维码，"工匠兔"APP自动识别证件相关信息后，选择需要提取的正确信息，然后确认证件关键信息存入数据库，自动生成Excel格式的文件台账，从而极大地减少了信息台账的录入工作。

信息保存进数据库后，可在"工匠兔"APP中下载数据台账，打印存档。还可通过企业的数字化平台对数据进行分析、汇总。例如有设备/人员证件到期，APP会通过数字化平台向项目负责人的企业微信智能反馈预警超期信息，提醒项目负责人及时更新数据，实现安全管理的闭环。在专业分包单位退场后，也可以在APP上一键操作，备注特种人员已经退场的状态。

此外，监理工程师在施工现场实施质量安全巡查的时候，随时可以查询到现场特种作业人员的信息及证件，现场复核人员到岗及持证情况，方便快捷，提升了项目监理管理人员的工作效率，也提高了管理质量。

（二）主要材料复检报告信息

工程质量控制中，原材料的进场验收、见证取样、复检报告核查登记是工作量大且烦琐的工作。特别是各种材料复检报告随着进场材料的增多而增加，传统的手写或电脑输入台账方式效率低下，且采用纸质资料保存时，不能做到台账和复检报告原文件及时对应，给后期的资料整理工作增加了难度。

"工匠兔"APP中，可以通过扫描材料纸质复检报告的二维码，自动提取材料复检报告的所有信息，并将报告的原文件保存到信息系统中，再自动按项目和材料的类型自动归集形成台账。通过此功能，极大地提高了监理工作效率。后期应对资料整理和外部检查，可直接在"工匠兔"APP中下载复检报告台账，清晰核对每条记录所对应的复检报告原文件，还可以将台账打印迎检备查。材料复检报告扫描拍照留存，也是工程资料电子化长期保存的一种方式。

三、关键工作实现可监可控

企业建立以公司层级、事业部层级、项目监理机构层级的三级质量安全管控体系，并通过公司的数字化管理平台作为纽带，有效串联三个层级，做到可监、可控。可监是指对关键工作实施动态跟踪；可控是指系统判断触发问题及时将消息推送给项目负责人，未排除风险将逐级推送直至高管介入纠偏，实现动态控制。

（一）项目监理机构层级数字化履职要求

特种设备/人员信息监控：通过"工匠兔"APP的信息扫码录入功能，对项目的特种设备、人员证件进行扫码录入，并自动建立相应台账（如塔吊、施工电梯、特种作业人员等）。"工匠兔"APP与企业OA、综合数字管理平台数据实时联动，通过红黄灯报警功能，在特种设备、人员证件到期前30天亮黄灯进行预警，且每7天推送一次预警提醒，提醒项目负责人对现场的设备、人员证件信息及时更新。项目负责人应及时提醒施工单位及时整改，并更新信息台账。

巡视检查：项目监理机构应及时签收公司/事业部的巡查记录，根据巡查记录举一反三落实整改，并在数字化平台上反馈整改情况，提请公司/事业部复查，经复查通过，形成有效闭环。

节点验收：项目监理机构提前对公司规定的重要工程节点进行识别，在节点验收开始前1~2天，在数字化平台上进行申报，提请公司技术品质部或事业部进行节点验收工作。

（二）事业部层级数字化履职要求

事业部作为公司三级技术品控工作的中间纽带，起到承上启下的作用，是至关重要的一环。

特种设备/人员信息监控：特种设备、人员证件过期亮红灯，且超过48小时项目监理机构仍未整改的，应推送提醒至事业部总工，事业部总工接收到超期提醒信息，需在24小时内督促项目落实整改，及时更新特种设备及人员信息。

巡视检查：事业部根据项目等级及公司规定的巡查频率最低标准制定事业部的巡查计划，并按计划严格执行；巡查后严格按公司要求下发巡查记录，督促项目监理机构落实整改，并进行复查闭环。

节点验收：事业部负责公司质量、安全控制中属于危大工程和节点验收制度中必查节点的验收工作，并在数字化平台填写节点验收单，验收未通过的，应要求项目监理机构落实整改，验收通过的留下管理痕迹。

（三）公司管理层级数字化履职要求

公司管理层应对事业部品质管控体系进行监督、指导工作，以及在建项目服务品质的过程监控，包含工程质量、安全、环境、内业资料等日常监督、管理、检查、指导、服务等工作。

特种设备／人员信息监控：事业部总工在规定的 24 小时未督促项目监理机构整改闭环的，则推送超期提醒至技术品质部部长及公司技术负责人，由技术品质部部长责成所属事业部落实整改，并将未及时落实整改的项目及所属事业部记录存档，并实施绩效处罚。

巡视检查：应开展公司层级的日常巡查工作，巡查记录下发被检查项目的所属事业部，公司管理层增加隐患整改通知单，对于检查中发现的重大问题，或重复发生而项目监理机构始终未引起重视的问题，下发《隐患整改通知》，以及监督指导事业部开展巡查工作。

节点验收：根据数字化平台的申报，执行对工程深基坑、高支模等超过一定规模的危险性较大分部分项工程等必查验收节点的节点验收工作，以及监督指导事业部开展节点验收工作。

四、数字化建设为质量安全管理赋能

（一）工作标准样板申报

规范便捷的样板申报制度，充分挖掘一线项目工程师的履职履责能力，使样板的建立充分来源于一线项目的实践。样板的建立形式涵盖监理规划、监理月报、监理细则、监理日志、问题发现、巡视、平行检验、旁站、见证取样等。

以"问题发现"板块举例说明，监理工程师在对现场钢筋直螺纹套筒连接进行巡视检查时，利用"工匠兔"APP发现，记录"1号楼2层5/C轴 KZ5-500×500 的纵筋采用钢筋直螺纹套筒连接，外露丝4个，不符合《钢筋机械连接技术规程》JGJ 107—2016 的 6.3.1条对外露丝的规范要求。要求施工单位于 2021 年 10 月 23 日下午 4 时前整改后报监理复查。"

最终，监理复查并上传整改前后图片进行巡视问题闭环处理，并直接利用"工匠兔"APP 将此次巡视检查下方申请样板提交项目总监审核。项目总监评定认可此项工作作为样板的，就直接可以请事业部总工进行审核。

事业部总工评定此项工作星级三星以上，加入查询关键字即可推荐作为样板推广。事业部总工再从所有样板中筛选优秀五星的样板提交企业总工进行审定。企业总工审定合格后，可以定期在企业层面对优秀五星样板进行奖励和宣贯。

（二）工作标准样板关键字查询、共享和使用

"工匠兔"APP 各功能板块均配置高级检索功能，以上述案例来讲，企业刚入职的见习监理员要对现场钢筋直螺纹巡视检查，若无从下手，不知道检查哪些问题，就可直接打开"工匠兔"APP的巡视检查功能板块，点击"样板"，搜索关键字"钢筋直螺纹连接"，对应界面就会弹出与"钢筋直螺纹连接"相关的"问题发现"样板，通过借鉴样板库，见习监理员可以学习处理现场相应的质量问题，样板中还会指导他处理完毕后如何规范填写巡查记录。同时，APP 中还可检索出与钢筋直螺纹相关标准规范图

集等辅助性标准文件，充分利用大数据赋能质量安全管理。

样板的制作、审批、检索均通过数字化平台，以及大数据分析检索功能来实现。通过样板的申报甄选，再到各功能板块的样板检索，使样板共享使用更加标准化、简捷化，监理工程师无须在庞杂的知识库中去搜寻学习，再返回到功能板块中去履职，不仅大大节省了样板使用的效率，还能提高履职履责的质量。

五、为质量安全管控提供预控手段

（一）对项目供应商的考察评价

项目监理机构有对供应商考察的责任，考察后会形成考察报告和结论。资深的项目总监理工程师或专业监理工程师，可到现场对供应商的企业规模、技术能力、管理能力进行考察打分后形成考察报告，在录入信息平台后，形成共享文件，其他建设机构在对同一家供应商进行考察的时候，就可以搜索到其他机构对该供应商的考察报告，对供应商考察中的短板着重进行考察，或者根据项目的需求特点进行更有针对性地重点考察。

待供应商的考察评价数据达到一定的量级，就能依据数据对供应商进行量化评级或者给出动态评价曲线，从而实现项目监理机构层面对供应商的动态管理。发现供应商在品控方面出现问题，供应质量有下降的趋势，及时提出要求，加强管理，甚至可更换供应商。

（二）对相关施工单位的履责评价

参与工程建设的每一家单位，在项目的施工周期内都会体现出其管理能力、组织生产能力、作业水平能力、技术能力、执行能力等，在其完成工作任务之

后，项目监理机构的主要负责人可以对他们进行客观评价，形成完整的评价意见，根据数据的不断积累和修正，可以形成一定的评估模型。

项目监理机构在新进项目中，通过数字化平台查询某一家参建单位的评价信息，可以对施工单位在评估模型中体现出的短板，针对性地提出管理要求，达到质量安全控制方面预控的效果。这些评价和管理大数据的积累，对监理企业提升行业地位和话语权有着积极正向的作用。

结语及存在问题

在质量安全管控方面借助数字化的手段，企业实现了对管理风险和重大危险源的动态管控，部分工作实现了自动提前预警、可监可控的效果，提升了一线项目监理机构的管理能力。企业数字化平台应有"大数据＋算法"的能力构建，实现数据可统计、可分析、可应用的效果，为项目履职，企业决策提供可靠的算法成果。

现阶段，各种原始信息的标准化做得还不够，如特种作业人员证件样式各异、证书内容信息区别较大，不利于数据采集的标准化；监理行业发展多年，没有形成具有行业特色的管控指标，导致行业企业管理较为粗放，数字化建设中对此短板也没有做有效弥补。

加强构建诚信体系　推动行业标准化科技化发展

刘　峰　李　辉

友谊国际工程咨询股份有限公司

摘　要：作为国内规模大、资质齐全的现代综合咨询服务机构，友谊咨询始终坚持"诚信、专业、守法、勤奋"的经营理念，通过建章立制不断强化诚信体系建设，通过创新引领不断提升诚信执业能力，有效构建起诚信执业的工程监理标准化科技化体系。针对当前行业发展趋势和诚信执业最新要求，建议从评价体系、标准化执业和科技创新等方面群策群力共同营造诚信执业环境，促进行业健康可持续发展。

关键词：诚信体系；标准化；检查考核；创新；科技化

友谊国际工程咨询股份有限公司（简称"友谊咨询"）是国内规模大、资质齐全的现代综合咨询服务机构，具备工程监理、造价咨询等10余项甲级资质，主营工程咨询、项目前期策划、投融资运营、项目规划、工程设计、招标代理、造价咨询、工程监理、工程代建、BIM咨询等工程建设全过程、全生命周期咨询服务，业务覆盖全国多个省市，并伴随国家"一带一路"倡议拓展至非洲、东南亚等地区。

公司秉承"爱党爱国，报效祖国；专业发展，正道成功"的核心价值观，坚持"诚信、专业、守法、勤奋"的经营理念及"做一个项目，立一座丰碑"的服务理念，注重人才团队建设、专业品质提升、创新驱动发展与品牌价值培育，是全国唯一造价咨询、工程监理、全过程工程咨询三项获得"50强"的企业，国家高新技术企业、湖南省省长质量奖提名奖企业，致力于打造国际知名的工程服务总承包运营商。

一、建章立制，不断强化诚信体系建设

友谊咨询设立监理总部统筹管理公司监理项目，明确诚信建设为部门管理核心指标，并通过制度标准、培训宣贯、总监签字、监督考核、回访客户等方式推动所有监理项目和执业人员严格落实"行之以诚，信之以诺"的要求，助力项目高效率实施和城市建设高质量发展。

（一）制度标准有保障

为规范推动项目实施和监理工作有序开展，友谊咨询管理层高度重视标准工作，通过深入学习中国建设监理协会相关课题成果和监理工作标准，历经多轮探讨，先后研究制定了《友谊人行为准则》《制度化标准化管理手册》《执行标准化管理手册》《安全标准化管理手册》《质量风险管理制度》《质量安全风险信息收集制度》《执业质量奖惩细则》《质量责任管理体系》《QC小组管理办法》《资料管理标准化》等一系列管理制度，针对监理执业专门编制了《质量监理标准化》《安全监理标准化》《监理内业资料标准化》《监理作业指导书》，并根据全过程工程咨询发展趋势制定了《友谊咨询全过程工程咨询业务操作流程》，确保标准化提升执业水平。通过制定制度、规范流程，让项目执业服务更加标准化、透明化和规范化，将诚信列为监理项目管理的第一要素和考核的第一指标，与业务工作同安排、同落实、同检查、同考核，要求所有项目人员烂熟于心、付诸于行，从顶层设计层面明

确监理项目的总原则和总方向，从业主反馈、工作态度、执业业绩等多维度考核监理人员的诚信执业情况，配套相应的考核奖惩机制。

（二）培训宣贯入人心

友谊咨询大力宣贯诚信为基的企业文化，通过定期举办诚信宣誓、诚信制度宣贯、诚信专题培训、诚信演讲比赛、诚信服务精神文明创建等活动，同时依托内刊《绽放》、企业宣传册、形象宣传片、公司官网、微信公众号等企业自媒体矩阵和《建设监理》《湖南日报》《长沙晚报》、湖南卫视、湖南经视等行业和大众媒体，大力倡导爱岗敬业、诚实守信、廉洁自律的执业道德，切实将"诚信、专业、守法、勤奋"的理念深入人心，全力营造公平公正、风清气正的企业内部氛围，不断提升公司的行业公信力。

（三）总监签字做表率

为进一步强化项目总监的诚信意识，紧拉项目总监认真履职、廉洁自律之弦，以"大概率思维"应对"小概率事件"，友谊咨询特别举行"项目总监责任状"与"廉政倡议书"签字仪式，全体项目总监就执业职责郑重签名，就廉政管理庄严承诺，铮铮誓言、字字千钧，既是友谊咨询掷地有声的承诺，也是友谊咨询接续奋斗的告白，更是友谊咨询执业品质的宣誓。

（四）监督考核促落地

友谊咨询成立了由公司副总裁牵头的工程督查管理机构，定期开展部门交叉诚信履职巡查和回访，深入项目现场了解项目人员诚信履职情况，采用个人自述、群众评议、组织考核等程序进行测评，防范发生因诚信问题引发的履职管理失位的情况，对触及诚信廉政红线事件的项目和个人在评优评先、晋升晋

级等考评中严格执行"一票否决制"，并按相关规定进行处理。2021年，友谊咨询组织"廉政·履职·纪律"专项考核，共计检查项目155次，检查监理人员955人次，奖励优秀履职人员，约谈和处理诚信履职不到位人员，公司诚信执业相关制度得到有效执行。

（五）回访客户助提升

友谊咨询坚持"视客户为生命"的客户服务理念，不断强化客户核心地位，并将其落实到具体的服务行为细节中，努力以智臻服务为客户创造最大价值。在监理项目执业过程中，友谊咨询加强与业主双向互动，每季度对所有项目开展业主回访，认真倾听业主方对监理团队的评价与建议，特别是在专业能力、劳动纪律、诚信廉政等方面的反馈，对客户提出的问题不推诿、不逃避，第一时间进行整改，通过强化管理尽快完善，争取使所有客户满意，助力公司监理水平不断提高。

二、创新引领，不断提升诚信执业能力

友谊咨询构建了创新研究院和大数据研究所、算量中心研究所、智慧工地研究所和BIM研究所等"一院四所"的创新发展研究体系；近年来，为顺应工程咨询行业发展趋势和诚信执业的最新要求，友谊咨询坚持创新引领，努力通过无人机、远程视频监控、业务管理平台等科技化手段落实监理人员管理职责，不断提升公司诚信执业能力。

（一）运用无人机技术，插上诚信执业之"翼"

友谊咨询在各个工程及重点基建项目中广泛推广应用无人机技术，通过

智能、高清和实时航拍项目现场各项资源投入情况，第一时间收集工程视频材料，对项目危险部位进行安全检查，为业主提供项目阶段性进展图像资料及其他特殊需求服务。通过无人机作业，替代人工高危工作飞行，可将塔吊、升降机每一个连接部分（包括每一个螺栓、开口销）拍摄得更清晰并实时传回电脑，确保塔吊上载重钢丝绳根根分明，摩擦痕迹清晰可见；通过无人机作业，大大提升执业工作效率，将检查每栋楼塔吊、升降机的用时从2小时缩短至20分钟；通过无人机作业，有效减少项目人工自由裁量权，为项目管理、规划、进度和成本管理提供更科学的参考数据，为加快项目整体进度、降低项目投资成本、确保执业诚信提供重要支撑。

（二）应用远程视频监控系统，安上诚信执业之"眼"

友谊咨询大力推进远程视频监控系统在工程项目中的应用。该系统主要由总监控中心、项目分控中心和前端系统三部分构成，配合无线网络和互联网组成一个完整的多级联网系统，辅以计算机为核心、结合IP视频技术、计算机网络技术组成一个监控主机系统，实现实时掌握施工现场情况及进度、现场人员数量及动态、重大危险源和工程死角状态，从而辅助工程调度，确保项目有序推进，也能为合同执行、纠纷处理、进度变更等提供真实可靠的依据，确保项目执业的诚实可信。

（三）搭建监理业务管理平台，装上诚信执业之"脑"

友谊咨询依托公司业务管理平台搭建具体项目的智慧管理平台，主要包括基本信息、资料接收、策划分工、任务

办理、三级审核、项目交底、过程管理、档案管理和项目后评功能等模块。根据项目组织结构和实际情况确定项目组人员，并进行职位划分和任务分工，分配标准化工作流程，同时设定规范化的审核流程，明确复核人员，进一步规范执业行为，把控执业质量。

三、群策群力，共同营造诚信执业环境

诚信是社会主义市场经济的主要特征之一，也是工程监理行业可持续发展的关键因素，更是工程咨询企业高质量发展的立身之魂。为此，提出以下三点建议：

（一）构建工程监理行业诚信和质量"双评体系"

目前，包括湖南省在内的全国多个省市均已初步建立监理企业信用等级评定、企业资信评价和信用评价管理制度，在质量巡查巡检方面也有不同程度的落地推进，对强化工程监理行业诚信执业和质量保障起到了积极作用，但在对质量要求精益求精、不能有一丝闪失的工程监理行业，应进一步加大在诚信层面的综合考评。建议一方面，继续加强行业诚信建设。在全国层面通盘考量，通过深入研究工程监理企业诚信星级管理，融入企业资质、执业人员资质、工程经验、业务特长等全方位因素，构建一个考评全面且具有可操作性的企业诚信评价体系，逐步改变当前仅以企业资质论英雄的局面，营造公

平竞争的市场环境。另一方面，继续加大质量督查力度。通过行业协会制定工程监理行业自律公约，规范行业价格竞争，建立服务质量评判体系，不定期开展工程项目的质量成果抽查，严格实行奖优罚劣，敦促监理企业苦练内功，提高自身业务水平，营造良性竞争的市场环境。

（二）鼓励工程监理行业推进标准化执业

中国建设监理协会于2019年组织开展了"建设工程监理工作标准体系"课题研究，形成《建设工程监理工作标准体系研究报告》，并于2020年先后发布了针对房建工程监理、监理人员配置、监理工器具配置、监理资料管理等方面的工作标准，基本搭建起一套工程监理工作标准体系，是友谊咨询推动标准化执业的重要参考，也是工程监理行业规范化、科学化、程序化发展的重要依据和诚信执业的重要路径，更是当前行业竞争日趋激烈、粗放式发展形势下推进行业转型升级的重要方向。考虑到标准化、规范化是一个持续较长的过程，需要沉淀、反馈和反复完善，建议充分发挥工程监理行业协会的桥梁纽带作用，鼓励行业企业在继续践行上述报告和标准的基础上，在工程监理执业过程中不断完善工程监理标准化服务模式，对已参照上述报告和标准开展标准化流程执业的监理企业在评优评先、嘉奖荣誉、招标打分等方面予以一定倾斜，从而加快推进我国工程监理行业健康可持续发展。

（三）支持工程监理企业大力开展科技创新

建筑业信息化快速发展带动行业上下游企业不断创新，工程监理作为建筑业重要组成，信息化、智能化、精细化发展是必然趋势，也是赋能行业高价值的重要途径。建议通过政策引导、科技项目申报、研发补贴、招标加分等方式，鼓励工程监理企业加大科技创新力度，积极引入和推广应用无人机、智慧工地、远程监控、管理平台、大数据分析等高科技产品，提高工程项目推进效率，节约建设投资成本，增强企业核心竞争力，为诚信执业和行业转型升级插上一双科技的"翅膀"。

"精诚所至，金石为开。"诚信是监理行业高质量发展的基石，标准化服务是监理行业转型升级的必然要求，在建筑业及上下游产业高速发展的今天，构建以诚信为基础的自律机制，提升执业服务质量是党和国家赋予每一个监理企业的重要使命。得益于多年来诚信为本的企业文化、廉政执业的品牌形象，止于至善的管理措施和敢于创新的科技应用，友谊咨询连续多年获得省市"守合同重信用"公示企业称号、3A级信用单位、3A级质量信用企业和A级纳税信用单位，在2020年中国建设监理协会在湘单位会员诚信评价中名列前茅，更是对友谊咨询诚信品牌的充分肯定。接下来，砥砺廿载的友谊咨询将继续紧跟各级主管部门及行业协会的步伐，致力于以智慧咨询为建筑行业改革创新、区域经济高质量发展、城市品质建设提升贡献专业智慧和力量。

诚信建设与安全质量风险防控

李彦武　　杨鲁甬　　杜理方　　李明全

宁波市斯正项目管理咨询有限公司

"人无信不立，企无信难存"，构建建筑企业诚信体系，遵循公开、公正、平等竞争的原则，是打造精品工程、平安工程、阳光工程的关键；众所周知，在市场经济发展到今天，企业诚信建设已经成为一种无形资本，是否讲诚信已经成为判断企业是否具备较强竞争力的重要指标之一。公司"以诚实为信条，以守信为载体"，打造以诚实守信为理念宗旨的企业文化体系，倡导"说实话、办实事、做老实人"的企业风气，提倡"做一个工程，竖一座丰碑"，形成了"创新、共赢、奉献"的企业价值观，在近30年的奋斗历程上树立起了一座座光辉的丰碑。

一、企业诚信建设

（一）人员诚信建设

1. 监理行业部分企业人员供给不足、员工队伍不稳定、人员流动频繁、人员素质参差不齐，故企业诚信建设、人力资源管理是基础，基础不牢，地动山摇。为提高人员素质、稳定人员队伍，企业在诚信建设上需建立自己的企业文化，使员工有归属感，给予员工更多的人文关怀，培养员工"以企为家、以诚为本、以信为源"的理念，并增强员工的主人翁意识，敢于担当、勇于奉献。

2. 工程建设领域本身是腐败高发区，诚信建设、廉洁执业是监理工作的红线、底线，底线不能破，红线不能碰。企业需将遵守国家法律法规作为公司发展的准则。如果企业员工不能遵守法律法规，不受职业操守道德的约束，将会给企业的诚信带来巨大风险，因此企业在守法经营及廉政建设方面需定期对员工开展各类相关法律讲座及企业精神培训，使员工认清法律责任及违法后果，增强员工遵纪守法意识。

3. 监理行业作为咨询服务业，服务质量是否令客户满意也是企业诚信建设方面至关重要的部分，且时代在进步，技术标准在更新换代，故需对员工定期开展各项安全与技术知识培训活动提高员工业务水平，以满足业主的服务需求。

4. 完善员工考核制度，对于考核不达标的员工进行及时清退，以保障企业活力。

（二）合同履行诚信建设

1. 合同是企业与企业、企业与员工平等互惠互利的基础，严守合同契约，不计较一时一事利益得失，全面履行合同条款是增加客户和员工信任基石；公司合同部门定期检查每个合同履约情况，分析造成合同条款履约偏差原因，查找问题，制定纠偏措施，弥补操作漏洞，使每个合同得到全面履行，使客户和员工的满意度达到最佳。

2. 建立客户服务满意度调查回访制，在服务期内定期对客户满意度进行调查，针对客户提出的合理要求进行及时改进，并对改进后的服务满意度进行回访，在项目服务期满后，若客户对项目团队的满意度较高，可对项目人员进行适当奖励，以提高员工凝聚力与积极性。

（三）打造诚信平台，建立诚信信息管理系统

1. 公司视诚信、道德为根本，视安全、质量如生命，坚持加强诚信、道德建设，打造"遵纪守法、诚信道德"平台，造就忠诚员工队伍。充分利用公司网站、板报宣传栏、企业文件等形式广泛宣传诚信、道德建设的条例、规定及先进典型，宣传企业发展理念和文明建设的指导思想；利用多种形式落实企业的经营准则和行为规范。公司每季举行一次民主生活会，评选出公司与分公司"遵纪守法、诚信道德"先进集体与个人，在公司网站、光荣榜、宣传栏、公司文件上进行表彰、宣传，年终再进行集中奖励，鼓励人人争做"遵纪守法、诚信道德"先进模范。

2. 建立诚信信息管理系统：一是制定诚信道德管理系统企业标准及平台搭建；二是成立诚信体系检查机构；三

是打造企业领导率先垂范诚信道德平台，为企业经营和员工成长提供行为导向，把道德修养、诚信建设作为班子建设的重要课题，作为总结工作、剖析思想的一项内容；四是建立以公司员工守则为基准的系列行为规范，做好宣传和员工教育工作，加强员工自律机制建设；五是公司决定、承诺的事情，签订的协议书、责任状，公司领导都做到——兑现，决不失信员工，塑造领导者良好的形象，赢得员工的好评；六是建立诚信信息管理系统，加强自律机制建设，制定和完善行业规约，开展诚信宣言、公约、自查和互查等自律活动。

（四）诚信道德建设成效

公司经过近 30 年的发展与传承，自 2012 年至今连续多次荣获省 A 级、AA 级、AAA 级重合同守信誉单位，也由原来双甲级资质企业，蜕变为综合资质企业，在诚信建设道路上，公司业务拓展也是越走越宽、越走越远，在全国的许多省市都留下了公司建设者的身影。

二、安全质量风险防控

公司以"安全求生存、质量求发展"为宗旨，以公司主要领导为主要责任人，以安质部为着力点，从公司层面对全公司的在建项目进行定期巡视检查，对重点难点项目、施工难度大、安全风险高的项目进行蹲点检查、指导；实行项目总监负责制和一项目一管理制度，制定奖罚措施，一年一总结、一年一奖惩，不断激发员工的工作热情和严格自律精神；下面以宁波市西洪大桥及接线工程项目为例，具体介绍安全质量风险防控方面的经验。

西洪大桥及接线工程属于浙江省重点工程，也是宁波市区第一座双层大桥。该桥集"高、大、难、新、险、重"等"六大"特点于一身：高——主塔最大高度达到 99m，相当于 33 层楼高；大——跨度大，通航孔处最大跨度 138m；难——栓焊组合体系，因为钢桁梁采用栓焊部件组装法和悬臂拼装法进行高精度对位施工，不管是栓接的精度控制，还是焊接的质量控制都加大了施工难度；新——本桥有多处创新点，水中承台采用 PC 工法桩围堰施工、立柱采用无支架法施工、主梁采用栓焊部件组装法和悬臂拼装法高精度对位施工、主塔采用卧拼竖向转体施工法等；险——本桥跨越规划 III 级航道，水运繁忙，施工中对航道的安全防护以及通航孔转换为工程重点；重——全桥总用钢 1.64 万 t。监理企业在面对如此重要的工程管理面前，做出以下几方面的工作：

（一）企业对监理项目的安全质量管控

1. 由于该项目起点定位高，公司针对该项目的特殊性高度重视，委任具有丰富工作经验的同志为项目总监，组建项目监理部，同时为该项目监理部配备均具有丰富工作经验的各相应专业监理工程师及具有一定工作经验的监理员，项目监理部人员综合技术力量强大。

2. 公司在项目施工期间，经常关注项目进展情况，定期、不定期地对项目的安全、质量监理工作情况进行检查，对检查中存在的问题提出整改建议，确保项目的安全、质量情况处在可控状态。

3. 在项目进展的关键节点（关键工序、施工重点、难点）上，对项目监理部开展相关方面的专业知识培训，为项目监理部提供技术支持。

4. 协调并帮助项目监理解决外部协调工作，为项目监理部更好地开展监理工作提供良好的外部环境支持。

5. 根据项目监理部的工作成效，对项目监理部人员进行考核，并对优秀员工进行精神鼓励及物质奖励。

（二）项目监理部的安全质量管控

1. 建立项目监理的各项监理工作制度并随着监理工作的深入开展逐步进行完善。

2. 针对项目施工进展情况，由总监理工程师牵头，各专业监理工程师对各分部、分项工程的质量、安全控制重点及监理工作要点、内容进行项目内部交底培训。

3. 针对本项目的特点、所采用的施工方案及项目进展情况，对可能存在的安全质量风险进行分析，划分风险等级，并制定相应的监理预控措施。

4. 建立信息平台，完善信息管理工作；如建立人、料、机、隐蔽验收及危大工程管理等各类台账并及时、完整、真实地进行记录各项数据，做到随时可查、可追溯；同时利用发达的互联网资源建立各种技术服务 QQ 群、微信群，积极推行无纸化网上办公及文件审阅。

5. 主要亮点及难点的安全质量管控

本项目的桥梁立柱钢筋笼在厂内利用定型胎具一次整体焊接成型，整体吊装；立柱模板采用模架一体化的无支架工艺施工；故对立柱钢筋笼的整体刚性有一定的要求，在验收时除常规的钢筋规格、型号、间距、数量及焊接检查外，还需检查立柱钢筋笼整体刚性补强钢筋是否按方案要求进行补强；另外在钢筋笼吊装就位后，钢丝绳的解除，以及模板的拼装、拆除作业均属于无防护的高空作业，施工时需检查作业人员的安全防护用品是否配备并正确使用。

本项目钢结构主桥采用水中支架进行悬臂拼装，栓焊接合工艺施工，对主桥各结构部件的加工精度和现场的定位、拼装、焊接及主桥整体线型控制均提出了更高的要求。故在钢结构加工厂，项目监理部派监理人员进行驻厂监理，对构件加工质量进行监督检查并验收。

在安装作业时，对主桥及主塔的节段吊装定位，协同监控单位共同进行复核。在焊接质量控制上对每一位进场焊工进行焊接技能考核，考核合格的方能进行主桥及主塔的焊接作业。协同施工单位建立了焊接及栓接质量奖惩机制，一月一考核、一月一总结并进行奖励，对于焊缝检测返修率高的焊工予以清退处理。根据后来几个月的焊缝检测和栓接检测质量表明，焊缝一次性验收合格率达到98%以上，栓接合格率达到97%以上，减少了焊缝返修次数，提高了栓接质量。

项目钢结构主桥采用栓焊结合结构，在高强螺栓施拧的质量控制过程中，首先要求施工单位建立工地试验室，一是为便于对电动扳手扭矩进行标定；二是为对高强螺栓的扭矩系数根据现场施工环境条件进行修正。其次对施拧的电动扳手建立登记表，动态掌控扳手的使用状况；再次对构件栓接的摩擦面粗糙度进行检查，合格后进入高强螺栓施控作业；最后对高强螺栓的扭矩进行抽检。

项目钢主塔采用胎架拼装，整体采用竖转工艺进行施工，因钢主塔外形为弧形门式结构，且钢主塔转体重量为1150t，转体重量大，主塔线型控制难度大，环缝对接质量控制难。施工单位编制方案时，项目监理部参与其中，通过BIM三维建模技术对构件受力情况进行分析，明确各受力薄弱点，对需进行结构补强的部位进行重点验收；在竖转过程中对薄弱环节进行重点关注监测。

6. 为了加强安全文明标化工地各项措施的落实，监理部以创建"安全文明标化工地"为契机和导向，创新式地要求施工单位设计并制作各部位打栓施工平台、上层桥面焊接平台和下层桥面焊接下挂平台。努力做到主梁施工到哪里，人行通道、操作平台、临边围护延伸到哪里，在工程的整个周期内未发生过一起安全生产事件。

（三）监理工作成效

在公司的全力支持与监督下，通过项目监理部全体人员的努力，目前该项目工程进展顺利，未发生安全质量事故。项目的安全质量状况多次受到建设单位及政府主管部门的一致认可，并在该项目举行过多次安全质量观摩交流会。项目还荣获2020年度"安康杯"竞赛优秀班组称号；于2022年3月19日通过中间结构验收，于2022年3月22日参加宁波市建设工程结构优质奖评选。

三、感悟

诚信是监理企业生存与发展的根本。当前国家不断健全的信用法律法规和行业标准制度、日趋协同的联合奖惩机制、强大的"互联网＋监管"系统，使得我国新型信用监管体系正在逐步完善，也正在实现对各类市场和企业的全面诚信管理。监理企业传统的管理方法已经不能满足政府基于信用的新型监管机制，企业的诚信风险正在日渐增加。提高依法诚信经营意识，强化诚信体系管理，并从组织架构、权力制约、业务流程、制度体系、信息系统及数据资料、人员等方面进行认真分析，从公司战略出发，狠抓诚信体系建设，将规避诚信风险作为企业经营者的重要责任。

高质量的管理服务是企业的竞争力所在。建筑业各类工艺技术日新月异，各类规范、标准更新换代，监理企业的责任日趋增大；因此，监理企业提高服务管理水平势在必行，打破现有思维牢笼，探索更加适应时代的模式，努力提高服务水平，才是企业长期生存之道。

BIM云监理项目管理系统研究

贾云博　高来先　张永炘

广东创成建设监理咨询有限公司

摘　要： 工程监理在工程建设过程中起到重要的监管作用，需要对工程项目的安全、质量、进度等多方面进行协调管控，然而在实际的监理作业中，低效的协调沟通、现场作业后大量的重复记录工作为监理人员带来了沉重的工作负担。本文结合行业现状分析了监理项目管理中普遍存在的问题。针对分析得出的问题，本文从安全、质量、进度、资料四个方面进行需求分析，融合BIM技术与云计算技术设计了BIM云监理项目管理系统。

关键词： BIM；云计算；监理项目管理系统

工程监理人员作为工程项目参建各方沟通者、协调者，负责从现场施工质量管理到项目整体进度推进的多方面工作，在工程项目的各管理场景中均起到重要作用。监理方作为公正、独立、自主的第三方，其管理特点有别于承建方、建设方，既要对单位工程进行细致的监督管理又要放眼项目全局，辅助建设方协调参建各方，保证项目各项工作的有序开展。然而，传统的完全凭借项目总监经验统管全局的粗放监理模式，随着工程行业技术水平、规范化水平的不断发展，已经无法满足现今工程项目精益化的管理需求。监理行业急需通过科学化、信息化、规范化的工程管理技术革

新以适应建筑工业化、智能建造等建筑行业新趋势发展。

当前我国正处于移动互联网、智能技术飞速发展的数据时代，"互联网＋传统行业"的新模式让许多传统行业通过技术革新迸发了新的活力。在此思潮的影响下，BIM技术作为建筑与信息化完美结合的新型管理模式，得到了建筑行业的广泛应用。随着技术的不断发展，国内BIM技术的应用经历了数次升级，从期望值虚高的炒作阶段回落，正在向成熟阶段发展，进入了稳步上升期。对于建筑业中非资本密集的行业来说，正是通过应用基于BIM的"互联网＋"模式转型升级的大好时机。

一、研究背景

（一）当前监理行业存在的问题

工程监理作为工程项目的第三方监督，对于监理人员的技术经验水平要求较高。也正因如此，行业面临两大问题，一是监理人员年龄结构偏向老龄化，二是难以招聘到足够的技术经验丰富的技术人才。年龄偏大的监理人员对于信息技术接受程度较低，往往不能适应信息化管理趋势。而补充进来的青年人员又缺乏足够的技术经验，工作规范性较差。

记录工作是监理工作中的重要环节，然而目前普遍的记录方式仍然是纸笔记录、图像记录后，再回到办公室使

用电脑进行编辑。这种传统的记录方式不仅时效性较差，在现场验收结束后还需要占用监理人员大量的工作时间，而且在重新整理过程中极易出现信息遗漏。在工程进度紧张的阶段，现场工作过于繁忙，现场人员往往不能及时地完成记录工作。

对于工程现场发现的问题，监理方与施工方、建设方、设计方的沟通经常采用现场查看、语言描述、图纸对照等方式，对于大型项目或工程复杂节点而言，效率十分低下。而图片等媒体方式无法呈现详细的位置信息，对于出现问题的详细地点位置，还是需要进行多方对照确认，缺乏时效性。

目前，监理行业中监理企业级信息化管理系统应用普及程度不高，很多监理企业仍通过传统的纸质化管理对监理项目进行管理，对于自己的监理人员缺乏实时有效的管控手段。因此，常常要靠现场监理人员的自觉以及项目总监的监督管理。这样的管理模式过于依赖自觉性，对于项目较多的监理企业而言，难以实时掌握现场监理人员的到位情况以及工作开展情况，更难以对作业人员进行精细化的绩效考核管理。

（二）监理方 BIM 技术应用现状

BIM 技术自 20 世纪 70 年代美国卡耐基麦隆大学的查理·伊斯特曼提出以来，已历经近半个世纪的发展[1]。从最初的建筑描述系统（building description system）发展到如今与互联网、物联网、人工智能等先进信息技术融合的建筑信息模型（building information modeling）概念，由数字化浪潮引领的建筑行业信息化已掀起多次产业技术革命。我国自 2003 年引入 BIM 技术以来，无论是政府、学校，还是建设单位、设计单位、施工单位等，各方都给予了相当的重视与投入[2]。从标准规范到国产 BIM 软件，从人才培养到项目应用，国内的 BIM 行业生态已日趋成熟。虽然 BIM 技术的应用范围相较于整个建筑行业的范围来说仍然较小，并且很少有项目能够做全生命周期的应用。但随着国家政策的大力推广，以及 BIM 技术向轻量化、标准化、普适化发展，BIM 技术必将应用到越来越多种类型的工程建设项目中。

监理行业的 BIM 技术应用相较于施工、设计行业来说普及程度较差，但很多专家学者、大型的监理企业早已开始关注 BIM 技术在监理行业应用的问题。兰州交通大学土木工程学院的岳荷[3]以监理在项目管理中的职责为分析基础，总结出了传统的工程管理模式中存在的问题及其产生的原因，并给出了基于 BIM 协作平台的解决方案。中铁资源集团有限公司的马亮[4]提出了通过多维度 BIM 应用解决传统监理模式信息化程度较低、各专业信息协同共享困难、信息反馈纠偏缺乏时效性等问题，以提升监理方的信息化管理水平。同济大学的李永奎等[5]通过调查问卷方式统计分析了当前 BIM 在国内工程监理行业的应用现状，并给出了 BIM 技术在监理行业应用的个人、企业、行业层面的转型和发展建议。他们提出，监理行业转型的重点在于对 BIM 技术监理人才的培养，难点在于如何提升监理业务的内涵、转变业务模式以及企业研发创新能力。虽然监理企业的 BIM 技术应用需要进行大量人力、物力投入，以及要通过整体的管理思路、管理模式的变革实现应用的落地。但只有通过打破旧有的思维模式、落后的管理制度，才能推动监理服务向高质量、高品质的方向转型。监理企业应该利用好新技术、顺应新趋势，以适应建筑行业发展的新要求。

二、基于微服务架构的系统设计方法

微服务架构的核心特点是将紧密耦合的大应用拆分为多个模块化的小应用，将系统资源整体虚拟化为资源池，通过

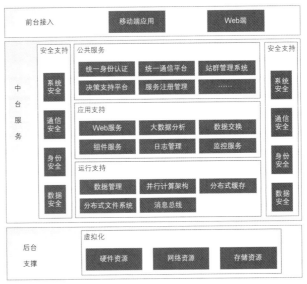

图1 系统整体架构设计

资源池提供基础硬件服务；使系统具备支撑应用弹性伸缩的能力，实现硬件按需分配的基本需求，充分提高资源利用率。拆分后的子模块部署于资源池，形成服务中台，即微服务化。Web、APP、小程序等移动端形成前台，专注于用户操作，各功能通过调用微服务接口实现数据交互（图1）。

微服务架构中的前后端是分离的，这种架构模式相较于传统模式，前后端可以采用不同的语言、代码库、开发团队，前后端之间通过预设的功能接口通信，能够实现多端一体化的目的，即用户管理一体化、业务应用一体化、数据资源一体化、技术支撑一体化以及运维监管一体化，有效解决多端建设标准不统一、信息资源不互通、服务应用复用困难、跨平台用户无法打通等问题。

三、监理项目管理系统需求分析

安全方面，监理方需要依据相关规范条例审核施工单位的企业、人员、设备等资质资料是否符合相关建设管理规定以及是否符合建设工程管理的要求。监理方对于施工组织设计、专项施工方案均会有书面的审查意见。监理方还需监督施工单位的安全保证体系是否能够正常运转、在施工过程中有无违反设计和规范的不安全行为、有无安全事故隐患等。因此，整个项目管理过程中会留下大量的管理过程资料。而传统管理模式下，监理企业对于各项目的安全管理过程难以及时有效地了解管控，所以需要系统来实现穿透性的安全管理。

质量方面，质量监管工作需要依据大量相关的标准、规范。这些规范、标准的收集、更新、查找都需要花费大量时间。监理企业需要建立一套基于其承接的常见项目类型的标准规范库。便捷查询、统一维护，以供现场监理工作人员随时查找调用。验收工作过程中大量的照片、视频资料也需要通过信息系统统一规范保存、归档。

进度方面，简单的百分比制的总体形象进度往往难以直观体现出项目的具体进展情况。监理企业需要一套全面的进度信息，包含总体形象进度、单位工程进度、工程现场照片等，以满足管理需要。在应用BIM技术的项目，使用通过与项目进度情况挂接的BIM模型更能直观地展现出项目的详细进展情况。

资料方面，项目监理工程师每天需要完成监理日志。传统的监理日志撰写工作往往存在记录滞后、不详尽等问题，其主要原因还是过分依赖手工记录，而且监理企业对于项目的监理日志情况还需要人工翻阅，十分不便于审核管理。类似的，项目的监理资料是否齐全、内容是否合理，重要资料的签字审核等，采用传统的纸质化工作方式不仅费时费力，而且难以对所有项目资料工作情况进行精细化管理。

四、BIM云监理项目管理系统建模

BIM云监理项目管理系统由系统基础模块、项目基础管理、人员管理、安全管理、质量管理、进度管理、数据可视化模块、监控中心八大部分组成，系统的组成详见图2。

为有效解决前文提到的监理工作中存在的问题，系统针对性地设计了流程化作业表单、问题闭环管控、BIM可视化信息展示三大解决方案。

（一）流程化作业表单

对监理作业流程分门别类进行原子化梳理，将日常工作流程固化到系统中。将旁站、验收、审批、检查等工作中要用到的表格全部以表单的形式置于系统中，实现信息化、规范化、流程化

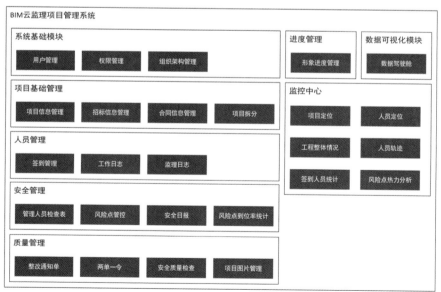

图2 系统组成

监理作业。通过手机移动端实时逐项填写当前工作详情，方便监理企业实时掌握现场作业人员的工作开展情况，通过数据实现精细化、指标化的绩效管理。

（二）问题闭环管控

对于项目管理工作部署，系统提供闭环管理记录功能，实时跟踪未落实、未解决的问题，并且与系统生成的监理日志、监理周报等管理记录文件数据联动。基于问题落实情况数据，形成对各项目的施工单位等相关单位的评价指标。根据对各合作单位的评价数据库，为监理企业的投标提供参考，监理企业也可参考评价数据为各项目提供针对性支持。

（三）基于 BIM 模型的可视化沟通

系统在云端 BIM 模型可视化浏览的基础上，提供增强可视化功能。将质量问题、安全问题等叠加定位显示到 BIM 模型上，为监理人员提供可视化沟通表达工具，便于与参建各方沟通协调。借助三维可视化沟通提高效率，避免主观理解偏差，能够简明有效地让非专业人员直接理解沟通意图。

与传统的监理信息化管理系统相比，BIM 云监理项目管理系统具有三大优势：

1. 灵活可靠的云原生微服务架构

与传统的 C/S 架构或采用前后端不分离架构的系统相比，BIM 云监理项目管理系统采用的云原生微服务架构在可扩展性、易维护性、可升级性、高可靠性、可复用性等多方面的优势，能够轻松应对监理企业的新功能需求，快速实现版本迭代、功能更新，而且可以轻松调整以进行单独部署，以满足多种形式推广需要。

2. 数据价值化分析

工程项目数据是监理企业的重要虚拟资产，然而很多监理企业并未认识到其重要性，而且缺乏手段来利用其价值。BIM 云监理项目管理系统则通过对各监理管理领域的梳理，深入利用数据价值。以"四控三管一协调"为工作基础，从项目数据中提炼出管理决策参考指标，帮助监理企业实现精细化成本管控、科学化业务经营。

3. 单兵赋能

BIM 云监理项目管理系统将功能重点主要放在赋能现场监理作业人员的工作开展。通过系统提供的标准化、规范化、知识库化的强大统一技术支撑，可以有效解决监理企业的专业人才匮乏的现状。结合相应的考核管理，能够帮助监理企业快速提高整体服务质量。

结语

监理工作有大量的信息记录需要，如何让过去停留在纸面上的文字、图片变成真正流通的数据，如何通过数据实现监理项目管理的指标化、智能化，是需要我们持续研究的课题。基于 BIM 的云监理项目管理系统充分发挥了云计算、BIM 技术的信息集成优势，将监理的全工作流程数据充分记录挖掘出来，实现了监理企业对监理项目的穿透性管理。借助系统，监理人员沟通协调工作将更加便捷高效，日常管理工作更加标准化、规范化，能够有效支撑监理作为项目管理中心节点的管理需求，提升监督管理水平。

参考文献

[1] 莱瑟林，王新 .BIM 的历史 [J]. 建筑创作，2011，4（06）：146-150.

[2] 何清华，钱丽丽，段运峰，李永奎 .BIM 在国内外应用的现状及障碍研究 [J]. 工程管理学报，2012，26（01）：12-16.

[3] 岳荷 . 基于 BIM 协作平台的工程监理信息管理研究 [J]. 兰州交通大学学报，2015，34（01）：180-184.

[4] 马亮 .BIM 技术在工程监理进度控制中的应用研究 [J]. 交通节能与环保，2021，17（01）：156-158.

[5] 李永奎，史雨晨，潘曦宇 . BIM 在建设监理领域的应用现状及发展建议 [J]. 工程管理学报，2020，34（04）：34-39.

共构隧道间联络通道暗挖施工监理控制要点

孙 钢

北京四方工程建设监理有限责任公司

摘　要：本文通过简述共构隧道间联络通道的概要及特点，进一步论述通道暗挖实施过程中关键部位监理安全质量控制要点，为今后地下共构隧道间联络通道暗挖施工监理提供参考。

关键词：隧道；通道；暗挖；监理；控制要点

引言

城市共构分体隧道间设置的联络通道是方便逃生和车辆掉头的重要通道，因其结构埋置较深、地质情况复杂、地下水位高、施工空间狭小，给通道暗挖施工带来一定的难度，施工中若控制不当，极易造成塌陷和漏水等问题，影响通道的使用和整体质量，也会对行车、行人安全带来一定的风险。对此，作为工程监理要重点关注，充分发挥监理作用，把好工程质量关。本文对共构隧道间联络通道暗挖实施过程中监理控制的要点进行了分析与论述。

一、共构隧道间联络通道概要及特点

城市内设置地下隧道和综合管廊共建结构，可有效缓解地面交通压力，有助于规划地下管线。隧道沿线受其既有桥梁基础影响，分体为双向"日"字形共建结构，结构线位长，为方便逃生和车辆掉头，间隔一定距离设置隧道间联络通道，结合现场条件和实际情况，不同位置的通道其断面型式不同，通道初衬、二衬结构混凝土标号及厚度也会有所变化。共构隧道间联络通道埋置深，受其施工空间、地下水、不良地质条件、地面交通、管线及其他构筑物影响，通道暗挖实施难度大，各方安全风险因素多，安全质量控制难度大。

二、共构隧道间联络通道实施前监理控制的重点

（一）方案审批及论证

根据暗挖通道的特点及隧道内施工现状，对施工单位上报的暗挖通道专项方案及各类应急预案进行严格审批，同时参加专家论证会，根据各专家意见，总结暗挖通道实施过程中可能出现的各类风险因素，以及关键部位控制要点和注意事项，并编制通道暗挖施工监理实施细则。

（二）布设导线点、监测点的复核

隧道间联络通道是在隧道内进行开挖施工，施工测量精度要求高。首先测量监理工程师要严格审查测量人员资质文件和测量仪器的合格文件，并联合测量人员对地面和导入隧道内的导线点进行复核，确保点位精度准确无误，同时对隧道侧墙上预留洞门的中心轴线进行复测，明确精准度。对于地面和洞门处监测点的布设测量监理工程师要全程监控，并对监测点复核。监控测量人员做好导线点、监测点的栓点及保护，避免施工中被破坏。

（三）通道范围内土质、地下水及地下物的调查

根据通道两端隧道开挖过程中的经验总结、地勘和留存的影像资料，协助施工单位详细调查和分析通道开挖范围内土质、地下水情况，以便于制定相应的施工方法和防控预案。结合地下管线设计资料和相关仪器的探测，详细调查通道开挖范围内地下管线、构筑物、文物等情况，以便提前制定拆改移方案。

（四）提前考虑地下水引流或排出路径

地下水位高时，联络通道两端隧道围护结构一旦破除，会有大量的地下水涌出，对于地下水的引流或排走的路径是监理首要关注的问题，若大量的地下水不能有效处理，将影响洞体的开挖，并造成隧道底板被地下水浸泡，影响结构质量。

（五）严格检查选用的机械设备

隧道间联络通道开挖、钻孔、注浆及初衬所用的小型机械种类较多，隧道内空间受限，需根据暗挖通道特点、现场实际情况及施工方案，合理选用各种性能良好的机械设备。监理对进场施工机械设备的配套及试运行情况要进行严格检查，满足工法要求，并验算施工机具的刚性和稳定性[1]。

（六）各种原材料及钢格栅成品的首件检查

按设计要求对进场的水泥、砂、石子、水玻璃、磷酸等材料进行检查，并抽取样品做见证试验检测，不合格的原材料严禁使用。严格审批配合比，并进行验证，检查现场标准称量设备的配置和各种材料、配合比的标识。受现场条件限制，初衬钢格栅不易现场制作，监理要严格检查钢格栅加工场地的选址、原材及成品首件的制作，抽取原件及焊件做见证试验检测，对不合格的原材在监理见证下退回厂家。

三、共构隧道间联络通道实施过程中关键部位监理控制的要点

（一）严格初衬混凝土及后背注浆的质量控制

初衬混凝土及后背注浆的密实程度影响了支护围岩的整体效果，实施过程应作为重点加以控制。初衬混凝土喷射前，严格检查格栅及注浆管安装情况，检查喷枪、水路、风路情况是否完好，检查喷射混凝土的原材料材质及检验情况，检查配合比设计的审批及验证情况，检查喷射混凝土安全质量技术交底及试验段总结。喷射混凝土时严格控制喷射用水量、风压，使用正确喷射方法。在喷射面上插标尺钢筋，按标尺钢筋来控制喷射厚度，厚度不足处补喷至设计厚度。喷射混凝土时确保密实、表面平整、无裂缝、脱落、漏喷、空鼓等现象。初衬成环后，及时进行初衬混凝土后背的填充注浆，浆液采用1∶1.5水泥浆液。注浆须分两次进行，以补充浆液固化后的干缩空量。注浆时，要加强安全监测，发生突变时应立即采取措施，包括停止灌浆。注浆后，对后背填充的密实情况进行雷达探测。

（二）加强施工缝、沉降缝及防水工程质量控制

隧道侧墙预留洞口与通道结构衔接部位不便于钢板止水带的埋设，对于此处侧墙结构界面凿毛处理及防水设施安装要到位，同时考虑在初衬和二衬间施工缝位置全周预埋一道注浆管，待二衬完成后将注浆管灌注微膨胀浆液，防止施工缝渗水。对进场的防水卷材外观及尺寸进行检测，并对卷材物理性能进行见证取样试验，严禁使用不合规的材料。卷材铺装前，严格检查基面尖锐物、预留注浆管及渗水部位的处理情况，保持基面平整、干燥。铺设时严格检查卷材搭接质量、固定方式，在钢筋安装时要做好卷材的保护，避免被尖锐物体刺穿扎破或焊接烫伤。施工缝、沉降缝处止水带安装时，检查止水带安装

的纵横向位置、接头留设部位、压茬方向、接缝宽度、接头强度等，检查中如发现止水带有割伤、破裂现象时立即要求修补[1]。

（三）重视二衬混凝土施工质量控制

二衬混凝土在围岩和初喷支护变形基本稳定后进行。浇筑前，监理严格检查钢筋及注浆管安装质量、防水卷材及缝处止水带安装质量、结构轴线及净空尺寸、施工机具、模板及进场混凝土的合格质量证明文件。监理在施工前和施工过程中要经常检查模板的刚度、外形，端板应安装可靠，封堵密实。二衬混凝土的浇筑应自下而上依次施工，浇筑过程中监理要进行全过程旁站，严格控制混凝土的配合比，重点检查角落部位、拱顶部位和钢筋密度较大的部位的振捣情况[1]。二衬结构施工完工后，严格按设计要求的材料及配比进行初支与二衬间注浆，注浆压力控制在0.2MPa，待强度达到100%时方可拆模，并用雷达探测浆液填充的密实程度。

四、共构隧道间联络通道暗挖过程中易出现的安全风险及监理控制要点

（一）马头门开启前破隧道围护桩时易出现涌水、坍塌和桩体下滑的风险

1. 安全风险分析

分体隧道间的联络通道多数位于路口铺盖体系下，隧道围护结构为钻孔桩+旋喷止水桩。隧道共建结构埋深较深，地质情况复杂、地下水量大，在开马头门时需截断围护和防水结构，易造成大量地下水涌出、土方坍塌和围护结构滑落等风险。

2. 监理控制的要点

围护结构破除前，监理组织召开专题会重点研究这三种风险的防控措施。结合联络通道断面尺寸明确需破除围护结构的范围，为防止破除后土方坍塌，要求破除前先沿桩间10cm空隙打入双层超前导管，注入双液浆，进行土层加固。破桩时考虑桩滑落的风险，结合钢格栅拼装方式，上拱部位分两阶段破除，待右侧半拱破除后，立即安装钢格栅与桩主筋连接，喷射混凝土，待强度达到设计要求时，依此实施左半拱及下半部分，逐渐形成封闭环，整个破除过程安全监理全程监控。对于渗出的地下水，要求临时引排至隧道防撞墩背部，截流后抽排至密闭车辆拉走，严禁隧道底板受水浸泡。

（二）洞体开挖时，易出现塌方、涌水等安全风险

1. 安全风险分析

联络通道位于通行道路下，覆土多为路基回填土、堆积土，洞体位置多为黏土层、砂层，地下水丰富，洞体开挖时，土体加固措施未做到位极易出现塌方、涌水等安全风险。

2. 监理控制的要点

1）洞体开挖前实施全断面深孔注浆进行土体加固

结合地勘报告及现场实际调查，详细制定超前全断面深孔注浆止水和土体加固方案，实施过程监理进行全程旁站监控，重点检查：跟管钻机及注浆相关配套设备的运行完好性；注浆孔深度和注浆范围达到开挖轮廓线外2m；注浆前对掌子面挂网锚喷的厚度达15cm，必要时加设锚管，确保注浆时不产生裂纹和隆起；通过注浆试验段优化注浆参数，探测堵水效果。

2）遵循通道开挖原则

通道开挖过程严格遵循"预留核心土短台阶开挖"的方法进行施工。

3）严格小导管注浆，达到土体固化的效果

为防止坍塌，开挖前对掌子面做好超前勘探和预报地质变化情况，及时调整施工方法和工艺。对小导管的数量、插入角、注浆压力、注浆量要严格进行控制，保证浆液的扩散半径及固结强度。注浆过程监理人员全程旁站监控，确保注浆后土体达到固化的效果。

4）强化洞体观测及时消隐

洞体开挖时，安全监理通过激光观测侧壁和支护结构的稳定状况。发现土体出现裂缝、位移或支护结构出现变形坍塌征兆时，立即要求作业人员停止挖土，人员撤至安全地带，经处理确认安全，方可继续作业。

5）保证工序衔接，适当缩小榀架间距

洞体开挖时严禁超挖，随开挖进程，及时跟进钢格栅的安装，格栅的间距及搭接质量是监理检查的重点，遇特殊情况时，可减小每榀格栅间距。格栅安装前要清除底脚下的虚碴及其他杂物，超挖部分用混凝土填充。

五、通道的监控量测是监理控制的重要内容

工程监测对于施工安全和隧道稳定，以及地面道路及其他设施安全都起着关键性的作用，因此通道的监控量测是监理控制的重点，实施过程中做到随时预报、及时处理，防患于未然。根据联络通道的特点，暗挖时对围岩及支护状况、地面及地面建筑物变化、拱顶下沉、洞体周边净空收敛位移、围岩压力及支护间应力、钢筋格栅拱架内力、初期支护及二次衬砌内应力等情况进行严格监测，观测频次必须满足监控方案和设计要求，必要时加大监测频次，确保整条暗挖通道在完全受控的条件下顺利实施。

结语

共构隧道间暗挖通道实施过程中，对结构防水、沉降缝、衬砌混凝土等关键部位控制不当，极易造成隧道沉陷和渗水等质量问题，严重影响隧道的通行安全。因此，对于通道暗挖实施过程关键部位的质量控制是监理的重点。本文通过对通道暗挖施工中监理控制要点的论述，为今后地下通道暗挖施工监理提供借鉴和参考。

参考文献

[1] 李利. 浅谈隧道施工监理控制要点[J]. 北方交通, 2012, (9)：136-138.

现浇预应力箱梁项目监理经验分享

王顺利

甘肃工程建设监理有限公司

摘　要：桥梁的预应力箱梁式结构，其施工工序较多，对混凝土浇筑的整体性和预应力张拉的要求较高，且因施工环境、桥梁架设高度、施工力量等因素，产生较多的施工难点，对桥梁结构的建造质量影响加大，现将本项目施工中总结的监理经验做分享。

关键词：箱梁；施工；经验；分享

一、工程概况

本项目为新建工程，道路自西向东布设，等级为城市主干路，道路设计总长494.575m，其中包含桥梁长度178.94m，桥梁里程桩号范围为：K0+214.180 ~ K0+393.120，道路红线为38.0m，城市主干路，双向6车道，设计速度40km/h（图1）。

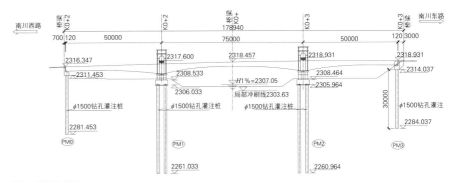

图1　桥型布置图

二、工程特点

桥梁上部结构为三跨变高度预应力混凝土连续箱梁，跨径布置为50m+75m+50m，桥宽38m。分幅设计，截面采用单箱三室直腹板截面形式，单幅宽度18.9m，悬臂长度1.845m，悬臂端部厚0.2m，根部厚0.45m，箱梁跨中及边支点梁高2.5m，中支点梁高5m，跨中截面顶板厚0.25m，底板厚0.25m，腹板厚度0.45m，中支点界

面底板加厚至0.7m，腹板加厚至0.8m，边支点地板加厚至0.55m，腹板加厚至0.6m，箱梁支点位置设置横梁，跨中设置横隔板，截面变化曲线按2.5次抛物线（图2）。

三、施工难点

（一）桥梁上部现浇结构支架体系安装

本项目桥梁跨度为50m+75m+50m的现浇箱梁结构，模板支架采用盘扣支

架体系。支架搭设时设置"抱箍"，在墩柱上设置单独的钢管与四周的架体连接起来形成一个整体受力体系，可以很好地防止支架倾覆失稳。

支架搭设前首先对架体范围的地基进行分层换填碾压处理，使换填处理深度及下卧层的地基承载力满足验算要求，换填完成后进行基础硬化处理。

底模安装前在支架顶托上安装纵横向工字钢，在工字钢上布设方木。在箱梁腹板位置方木应满布，因为在腹板位置荷载最大。

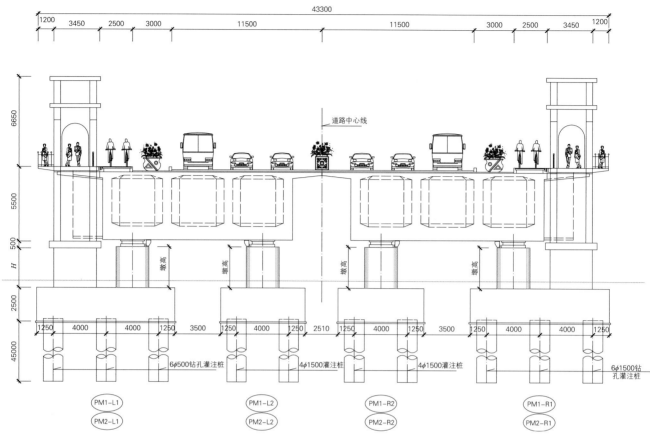

图2 桥墩支点横断面图

（二）支架体系预压

1. 设计对预压的要求。预压荷载不少于主梁恒载与施工荷载之总和的1.3倍，持续预压受荷时间不低于72h，连续3天累计沉降观测不大于5mm，在确保支架沉降稳定后方可实施主梁的混凝土浇筑。

2. 预压目的。模拟桥梁上部结构的荷载形式，检测支架的安全度，消除支架的非弹性变形和基础沉降。

（三）预应力管道安装

本工程预应力张拉采用预埋波纹管作为预应力的穿管。而保证预埋穿管的准确，管道完好是施工的重点和难点。

（四）梁体混凝土浇筑

1. 梁体混凝土浇筑方量大，持续时间长，需要提前联系好两家商品混凝土站，其中一家备用，需要准备备用的运输罐车。正常运输罐车数量应考虑充足并实施轮班作业。设定最佳的运输线路，尽量避开上下班高峰期及交通拥堵路段。

2. 钢筋密、管道多，保证混凝土振捣密实尤其张拉锚垫后的密实是混凝土浇筑时的重点与难点。

3. 混凝土总体浇筑原则需要按照先底板，再腹板，最后顶板，从主墩开始向两侧对称进行浇筑。

（五）预应力张拉压浆

1. 设计要求。纵向钢束张拉完后，封锚端以C50混凝土填补，确保密实。浇筑时混凝土应振捣密实，尤其是管道、钢筋密集部位及预应力锚头处更应重视。

2. 管道压浆采用真空压浆技术，预应力管道压浆材料采用性能稳定的产品，与水拌和后具备不离析、不泌水、微膨胀、高流动性的技术性能。压浆强度等级为C50，必须保证压浆饱满密实。

四、对重难点的主要监理工作

（一）箱梁结构模板支架体系搭设质量控制

1. 由于本项目桥梁跨度为50m+75m+50m的现浇箱梁结构，跨度超过了18m，要求施工单位编制支架体

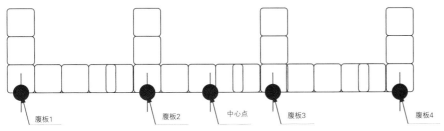

图3 预压观测点横断面布置图及堆载形式的设置

腹板1　腹板2　中心点　腹板3　腹板4

系专项施工方案，监理人员对方案审查，对施工方案具体做法、合规性、架体下的地基、支撑体系平面布置图、结点构造图等是否与实际相结合，安全措施是否到位，做到搭设前心中有数。经总监签认后要求施工单位组织专家论证。

2. 依据审批方案，对于基础处理换填，分层碾压其换填处理深度，分层处理下卧层，并作跟踪监督和验收，经处理后地基承载力满足要求，并经硬化处理达到方案预定的标准后才允许架体搭设。

3. 支架搭设时，对搭设情况进行现场监督核实，对其立杆间距，横杆步距，斜杆，底、顶托外露长度应仔细核对检查，设置的工字钢分配梁的间距及搭接构造等需全部满足要求，并且不得偏心受压。

4. 支架体系搭设完毕后督促完成专项验收，着重检查支架基础是否坚实、平整、牢固，支架底座与基础联接密贴程度。立杆与基础间应无松动、悬空现象，底座、支垫应符合规定，保证支架及各杆件受力的整体均匀性。

检查架体加密区的长度和宽度是否满足方案要求。可调托座及可调底座伸出水平杆的悬臂长度必须符合设计限定要求。检查各种杆间的安装部位、数量、形式等是否满足要求，竖向斜杆的销子是否打紧。

5. 经验收合格后，允许按方案进行预压试验。

（二）箱梁结构模板支架体系预压质量控制

1. 详细了解设计对模板支架体系的预压要求，依此要求审查模板支架体系专项施工方案，对预压工作制定详细的预压流程和参数设置。

2. 严格按方案控制预压工作。严格控制每级的加载顺序和加载重量与方案一致，达到预定目标后才允许进行下一级加载工作。方案采用沙袋全程模拟混凝土浇筑过程，先压载腹板区域，后压底板，预压块厚度全程模拟浇筑混凝土厚度，并且按分级重量进行压载。预压分4级进行，第1级荷载控制在总荷载的30%，第2级荷载控制在总荷载的60%，第3级荷载控制在总荷载的80%，第4级荷载加载至100%。

3. 对架体加载预压过程进行严格的监测。在堆载区设置系统测量点，在盘扣支架顶面及对应支架基础混凝土面2个部位均进行沉降观测。每个腹板在与梁端、1/4跨、1/2跨、3/4跨的交点位置设置观测点，每个横断面设4个观测点，共计20个观测点，并且基础监测点与支架监测点投影位置相对应（图3）。

4. 对预压过程观测数据的处理。根据总沉降值和卸载后观测值计算弹性变形量。依据变形量调整箱梁底标高，来控制混凝土浇筑完成后能达到设计所要求的梁底标高。

（三）预应力穿管安装质量控制

1. 在制定施工方案时，审查施工方案对预应力穿管安装的质量控制措施。

2. 首先保证预应力张拉管道是一根整管，中途不得有接头、破损情况。

3. 预应力管道采用塑料或钢带轧制的波纹管成型。波纹管在安装前应进行灌水试验，检查有无破损或渗漏现象，合格后方可使用。

4. 预应力筋波纹管安装位置的准确性。预应力筋波纹管安装位置的准确性直接影响到预应力的分布和力的损失程度，安装位置精度较高，验收时应对照图纸逐一量测波纹管位置是否准确。

5. 振捣过程注意不要振破预应力束波纹管道，以防水泥浆堵塞波纹管，浇筑过程中要经常来回地拉动钢绞线的两个端头，防止浇筑时漏浆堵塞管道。在喇叭口处应加强振捣，以防止不密实在张拉时发生异常情况。

（四）箱梁混凝土浇筑质量控制

1. 审查混凝土浇筑方案，在方案中明确混凝土坍落度、浇筑顺序、振捣方式、混凝土运输保障等关键措施。

2. 由于梁体预埋件、各种预留孔洞数量较多，在混凝土浇筑前组织质检等相关人员认真按照图纸逐一复核其规格、数量、位置及加固质量。

3. 在浇筑前的各项准备工作到位后才允许开始浇筑工作。在浇筑前监理部对浇筑作业进行交底，落实浇筑的准备工作和应对交通拥堵、停电、泵车故障等的各种应急措施就位后才允许浇筑。

如振捣棒及备用棒、夜间照明灯及备用灯、发电机及备用发电机到位。管理人员应分工明确，例如联系混凝土及车辆的人员、盯控混凝土浇筑顺序的和振捣质量的人员、检查模板牢固及接缝漏浆堵塞的人员、混凝土浇筑后负责检查覆盖养护的人员等。

4. 采用现场旁站方式，监督混凝土总体浇筑顺序原则按照先底板，再腹板，最后顶板，从主墩开始向两侧对称进行浇筑。

5. 混凝土浇筑过程中观察模板架支持体系的稳定情况，保证拉结螺栓紧密、模板接缝严密、模板几何尺寸不变形和支撑的稳固性。

6. 梁体关键部位混凝土浇筑控制

1）腹板下马蹄处混凝土密实度控制措施：振捣棒沿内模与钢筋间的间隙处下棒，振捣棒的软管长度不小于梁体最深处，以便振捣棒能插到底板处，腹板内侧振捣棒的插入距离不得大于30cm。腹板同一断面内、外侧各一棒。若振捣棒沿内模下棒困难，可制作导引叉将振捣棒的棒头从腹板钢筋内送到需要振捣的部位加强振捣，这样的振捣一般需要两人配合。在桥面上插入的振捣棒振捣完毕后，箱内底板的振捣棒不得再对下马蹄部位振捣以免造成下马蹄上部坍塌成孔。

2）两端加厚段、锚下及支座处混凝土密实度措施：由于端部钢筋较密，灌注方法及振捣尤其需要注意。第一层灌注下料不宜从端部下料，下料位置应离端部 5 ~ 6m 为宜，第一盘混凝土的和易性往往偏大或偏小。端部钢筋较密振捣棒不易插到底，因此本部位设 2 个专人具体负责。特别是灌注底板时，接近端部时，必须从端部开始将底板和两端钢筋加密区混凝土灌满振实后，再灌注中间段。

（五）预应力张拉和压浆质量控制

1. 审查预应力张拉方案，在方案中明确张拉设备、计量仪器、张拉参数、张拉顺序等关键信息。

2. 审核预应力张拉用千斤顶和压力表配套标定情况，并在施工时配套使用，贴上编号避免错误使用。避免因未配套使用造成超张严重断筋、混凝土开裂、锚垫板开裂，或张拉力不足未达到张拉效果。

3. 张拉时，监督对张拉端的端模拆除干净，内模和侧模松开或拆除，避免对梁体压缩造成阻碍，张拉完毕后方可拆除底模。

4. 张拉时严格以控制应力相应的油压表读数为主，以钢绞线的伸长值作校核。

5. 张拉钢绞线时，先腹板束，后顶底板束，先长束后短束，尽量做到上下左右，先中间后两边对称张拉。竖向预应力筋均采用单根张拉，在张拉时采用左右对称原则进行。

6. 对梁体长度超过20m或者存在曲线张拉时，严格遵守两段对称张拉。

7. 分段进行张拉的：从 0 →初始应力（张拉控制应力的10%，测钢绞线伸长值并做标记，测工具锚夹片外露量）→张拉控制应力（各期规定值，测钢绞线伸长值，测工具锚夹片外露量）→静停 5min，校核到张拉控制应力。

8. 张拉时将实际伸长值与理论伸长值进行校核，其误差控制在 ±6% 以内，对不符合要求的，查明原因后调整至规定偏差内。

9. 后张法预应力梁体的预应力筋断丝、滑丝控制在预应力筋总数的1%以内，且不在结构的同一侧，每束内断丝未超过一根。

10. 张拉施工完成后，切除外露的钢绞线进行封锚。张拉完毕后严格控制在 48h 内压浆，压浆前采用压缩空气结合高压水清除管道内杂质，管道压浆为一次完成，浆体材料掺入高效减水剂和阻锈剂，掺量通过试验确定。

11. 水泥浆为随拌随用，置于储浆罐的浆体保持持续搅拌，从拌制到压入孔道的时间间隔未超过 40min。水泥浆拌制均匀后，经孔格不大于3mm×3mm 筛网过滤后压入孔道。压浆时浆体温度在 5 ~ 30℃之间。孔道压浆遵守自下而上进行。

12. 压浆时及压浆后 3d 内，梁体及环境温度保持在 5℃以上。

五、经验分享

（一）预应力穿管安装经验

1. 波纹管安装中，由于接头未处理好或波纹管存在孔洞未处理现象，混凝土浇筑时水泥浆进入管内，造成预应力筋无法穿过或者已穿的预应力筋被锚固在管道无法张拉的现象。在检查验收时着重检查波纹管接头质量以及是否存在破损孔洞未处理现象。发生此类质量问题采取的措施为量测纵向和竖向分别对应的堵塞部位并进行梁体混凝土凿除疏通管道，预应力筋重新放张，重新穿筋张拉处理。此类问题会造成不必要的工期延长、费用增加和梁体整体质量受影响。

2. 竖向预应力筋的排气和注浆预理软管不得弯折，保持顺直。在以往施工中由于软管被弯折或堵塞，造成无法注浆，很难处理。

（二）箱梁混凝土浇筑经验

1. 在以往混凝土浇筑中，由于锚

垫后的混凝土振捣不密实，或者混凝土质量较差，导致张拉时出现锚垫板回缩开裂、混凝土开裂等现象。特别需要注意梁体两端头锚下板混凝土振捣密实质量。

2. 在以往施工中，由于选择的商品混凝土站运距过远，加上市区交通堵塞，混凝土不能及时运至现场造成下层混凝土终凝现象，在受力关键部位留下施工冷缝形成永久质量隐患。

3. 在以往施工中，在底板和腹板交接处的扩大脚，存在振捣不完全密实及空气无法完全排除留下大量气泡现象。为了有效振捣密实，现场采取先浇筑腹板与底板交接处的放大脚，再依次浇筑底板、腹板。

（三）预应力张拉经验

1. 在以往预应力张拉中，千斤顶或油压表出现故障，存在操作人员拆卸修理或更换配件后未重新标定便开始使用的现象。千斤顶、油压表及油泵等出现故障现场拆修后必须重新标定，设备使用次数超过300次、标定后使用超过6个月的按要求均重新标定。

2. 在以往预应力张拉时，存在由于防护不到位，夹片飞出（射伤力很强）造成人员受伤严重的现象。所以在张拉端严禁站人或人员通过，并做好端头设置挡板防护措施。

3. 当一束出现少量滑丝时，可用单根张拉油顶进行补拉。当一束内出现多根钢绞线滑丝时，须放松钢绞线束并重新装夹片整束补拉。

（四）压浆经验

在以往的压浆施工中，压浆工序安排在冬期施工，出现了已加热的冲洗水在进入梁体管道后被冰冻在管道内，导致浆液无法通过或存在预应力筋未被水泥浆液包裹的情况，造成了永久病害。因此压浆工作不应安排在5℃以下的气温环境中进行。

如发生管道被冰冻现象，量测被堵部位在竖向和纵向的位置，对堵塞部位混凝土进行凿除疏通管道，再采用混凝土进行修补，最后重新压浆。

结论

在本工程的监理工作中，针对项目施工遇到的各类问题，监理提前制定了针对性的应对措施，积极采取主动的预控措施，取得了良好收效，有效地监督了施工行为，对施工质量的保证起到了积极的促进作用。通过此项目的经验积累，进一步提高了笔者对箱梁式桥梁施工的监理能力，为今后更好地监理类似项目储备了宝贵的力量。此监理经验希望给同行的朋友们有所帮助，特此分享。

参考文献

[1] 张继尧. 悬臂浇筑预应力混凝土连续梁桥 [M]. 北京：人民交通出版社, 2004.
[2] 张士铎. 箱形薄壁梁剪力滞效应 [M]. 北京：人民交通出版社, 1998.

地下连续墙施工监理要点简析

史文君

北京帕克国际工程咨询股份有限公司

前言

某工程基坑支护采用地下连续墙＋锚索的支护形式。基坑开挖深度20.2~25.7m，地下连续墙典型剖面设计墙高 39.667m，厚 1000mm，典型剖面成槽深度 41.667m，剖面情况如图 1 所示。该工程地下连续墙有 20 多米厚的细中砂地层，地下水丰富，施工难度大，工程标准化要求高。本文结合工程实际情况对监理工作要点进行了探讨。

一、地下连续墙施工前监理工作

（一）熟悉设计图纸，督促钢筋笼深化设计

取得地下连续墙设计图后及时组织监理工程师熟悉图纸，参与图纸会审和设计交底，充分理解设计意图。地下连续墙钢筋笼型钢接头、密集的受力筋及分布钢筋、纵横向桁架筋、拉筋、剪刀筋、锚杆孔预埋件、吊点、预留导管仓等密集分布，加工过程容易发生相互干涉，需督促施工单位利用 BIM 建模等手段进行防干涉深化设计，明确加工制作顺序，减少过程返工。

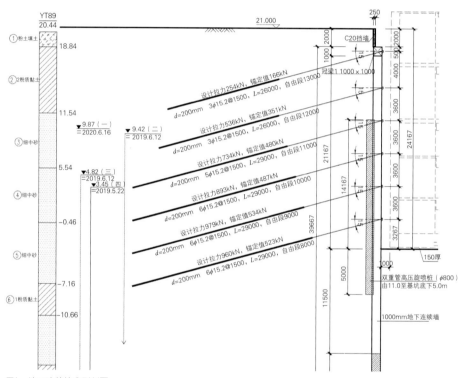

图1 地下连续墙典型剖面

（二）审核专项方案，参与专家论证

地下连续墙施工主要设备是成槽机和履带吊。成槽机选择时应考虑成槽能力，选型过大功率浪费，过小会成槽困难。地下连续墙钢筋笼因尺寸大（标准段宽度 6m 左右），质量重（本项目首开幅钢筋笼重接近 50t），需两台吊车配合安装，且主吊往往需带载行走，履带吊选型应考虑足够的安全系数。钢筋笼上

吊点位置及数量，吊索具及吊装用钢丝绳的规格型号等均应核算确定，是吊装方案审核的重点。

按照《北京市房屋建筑和市政基础设施工程危险性较大的分部分项工程安全管理实施细则》，地下连续墙钢筋笼吊装及履带吊安装拆卸工程为超过一定规模的危险性较大分部分项工程，需专家论证。地下连续墙施工前应编制履带吊安装及拆除

专项方案及钢筋笼吊装专项施工方案，并经专家论证通过后按方案组织实施。

（三）督促开展环境调查，排除地下障碍物

地下连续墙施工前必须摸清附近的地下环境情况，有管线、结构物等障碍物或有影响导墙顺利施工的浅层杂填土等时，需要采取措施进行排除处理，确保成槽机、履带吊等大型设备进场后能够顺利持续施工，也避免盲目施工造成对重要未发现建构筑物或管线的破坏。

（四）核查泥浆制备及循环系统

本工程地下水丰富，涉及一层潜水和多层承压水，地层多为细中砂地层，槽壁稳定性差，护壁泥浆质量直接影响到地下连续墙的施工质量和安全。施工前核查护壁泥浆的制备及循环系统，确保泥浆池容量与抓槽机同时成槽数量相匹配。要求采用优质钠基膨润土配置泥浆，根据现场地层实际情况优化新鲜泥浆配合比。

因细砂层厚，成槽后应严格要求对槽内护壁泥浆进行除砂，含砂率满足规范要求后方可进行后道工序施工。浇筑混凝土置换出的泥浆需进行沉淀、再次除砂等工艺净化泥浆。净化后的泥浆同新鲜泥浆混合调整，经检测指标符合要求后方可再次护壁使用。

（五）核查场地硬化及平面布置

地下连续墙施工对场地要求较高，施工场地应合理布置地下连续墙钢筋笼加工平台区、泥浆储存及处理区、渣土晾晒区、履带吊行走区域等。履带吊行走区域应按重载道路进行考虑，对路基进行压实处理并专门进行硬化。渣土晾晒区应结合现场条件考虑渣土容纳能力，渣土晾晒区太小会影响进度和文明施工

水平。地下连续墙钢筋笼加工平台区需考虑钢筋笼加工能力与成槽的匹配性，应靠近履带吊行走区域，最大限度减少履带吊带载行走长度。

（六）合理进行槽段分幅及测量放线

单元槽段应综合考虑地质条件、设计图纸、周边环境、机械设备、施工工艺等因素再进行划分，地下连续墙转角处严禁设置槽段接头，原则上应尽量减少非标准槽段及异形幅槽段。按划分槽段在现场进行测量放线并分幅标注，作为开槽施工的依据。

（七）督促办理渣土消纳手续及夜间施工手续

地下连续墙成槽及灌注混凝土施工需24h不间断施工，施工过程还会产生大量渣土，现场很难有大量空置场地进行储存，需定期进行渣土外运。因此，地下连续墙施工前需完成渣土消纳手续办理及夜间施工手续办理或相关沟通工作，距离居民区近的，还需采取措施减少扰民。

二、施工过程控制

（一）导墙施工控制

导墙主要为地下连续墙成槽起定位、导向作用，兼有挡土、支撑部分地面荷载和储存一定护壁泥浆的作用。导墙的施工质量是关乎地下连续墙垂直度的关键因素之一，应根据现场条件、地

下连续墙类型和成槽工艺等对导墙进行专项设计并严格把控施工质量。导墙挖槽一般垂直开挖，深度1.5~2m，导墙开挖施工中如遇障碍物、杂填土、软土等不良地层时，应根据实际情况评估后进行换填或加固处理，以确保导墙施工质量及钢筋、模板等安装过程中的施工安全。

（二）成槽施工控制

应按已经划分完成的单元槽段进行抓槽，间隔一个或多个槽段跳幅施工。施工顺序提前进行策划，钢筋笼加工进行配合。如图2所示，槽段编号46首先施工，为首开幅，后跳幅施工槽段编号52，为首开幅；后面可以依次施工浅灰色的连接幅，最后施工闭合幅，完成一段的地下连续墙封闭。

每幅槽段成槽后，应及时对相邻槽段接头刷槽，将接头混凝土表面附着的泥砂、杂物清理干净，刷槽至刷槽器表面无泥为止。槽段开挖完成后静置30~60min采用成槽机清除槽底泥砂，并进行泥浆置换；钢筋笼安装完成后进行二次清槽；每次清槽完成后均应进行沉渣厚度检测。

（三）钢筋笼制作及吊装控制

地下连续墙钢筋笼吊装往往是超危大工程，钢筋笼加工质量及吊装控制关系施工安全，是地下连续墙施工最为重要的环节之一。除进场物资验收、钢筋连接接头质量验收等常规质量控制外，

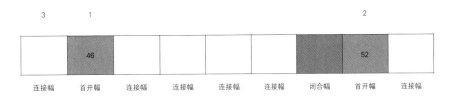

图2　地下连续墙跳幅施工示意图

监理人员要做好以下工作：

1. 严格落实各剖面首件样板引路制度。每个剖面首件钢筋笼实行首件样板制，既是确定后续钢筋笼加工标准，也是对验收人员、管理人员的培训过程。不同剖面以及标准幅与异形幅钢筋笼配筋及构造均有差异；首开幅、连接幅以及闭合幅也有差异。验收时注意分清剖面及幅号，按图、按样板验收（图3）。

2. 加强对钢筋笼骨架的整体连接质量的验收。纵向主筋、横向加强筋、竖向钢筋桁架、横向钢筋桁架、水平分布筋以及两侧接头工字钢等相互之间焊接应牢固，形成稳固的钢筋笼骨架。

3. 加强锚杆预留孔位置及施工质量的验收。尤其是预留孔标高及位置以及预留洞的封堵，直接影响后续锚杆施工能否顺利开展。

4. 加强对吊点、搁置点及吊筋等焊接质量的验收。水平起吊点、竖向主吊点、搁置筋、笼口加强筋、吊筋等规格型号均严格检查，其与主筋的焊接质量是检查的重点（图4）。

5. 检查成品保护工作，尤其是预埋测斜管、预埋声测管的保护，必要时按一定比例多设置测斜管及声测管，确保成活数量满足设计要求。

6. 确保预留导管仓满足灌注混凝土用导管的顺利安装空间要求。

7. 首次吊装以及后续定期对主副吊吊具进行专项检查。首次检查时应严格核查主副吊车吊具各级卸扣、各级钢丝绳、滑轮、扁担等规格型号同方案的符合性。定期检查时检查吊具的维护，是否及时更换等。每次吊装起吊时应对各吊点情况进行符合性核查，对地下连续墙钢筋笼上零星物品及与周边胎具、物品有无干涉及连接等情况并及时对隐患进行排除。

（四）混凝土灌注控制

混凝土浇筑是地下连续墙工程的关键工序之一，浇筑质量的好与坏直接决定地下连续墙截水质量。混凝土应进行配合比设计，强度和防渗等级应满足要求，浇筑混凝土前应检测混凝土的坍落度。浇筑施工应采用导管法，导管根数应和槽段宽度匹配，根据需要选择2根或3根导管同时连续均匀浇筑，每根导管分配的面积应基本均等。槽内混凝土浇筑时上升速度应控制在3~5m/h，槽内混凝土面高差不应大于500mm。

结语

地下连续墙施工工艺复杂且专业性强，施工过程涉及多个超危大项目，施工质量直接关乎基坑支护安全。监理人员要高度重视地下连续墙的管控，只有施工前做好全面策划，施工过程中做好各个关键点的检查和验收，才能真正做好地下连续墙施工的监理工作。

图3 钢筋笼成型照片

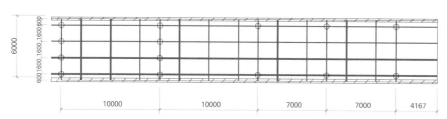

图4 标准幅首开幅钢筋笼横向吊点设置示意图

"3D扫描+BIM"技术在梁板混凝土验收中的应用探索

曹文艳　李康华　罗健生

广东诚誉工程咨询监理有限公司

摘　要：梁板混凝土质量验收环节是工程建设中的关键环节，其验收往往因为难度大、耗时长等问题影响工程进度。本文利用3D扫描及BIM技术，以"PDCA循环"质量管理理论为指导思想提出一种新的梁板混凝土验收管理模式，大大提高了实际工程建设中梁板混凝土验收效率。

关键词：梁板混凝土质量验收；3D扫描技术；BIM技术；PDCA

引言

在工程建设中，梁板混凝土验收环节存在验收难度大、验收效率低、验收耗时长等特点，制约后续工序的实施，直接影响工程进度。本文就"3D扫描+BIM"技术辅助工程质量验收管理应用进行探索，结合"PDCA循环"理论，在验收过程的问题定位、处理跟踪、整改闭环及复核环节，提出具体的应用对策，促进提高质量验收管理信息化、数字化水平及梁板混凝土质量验收效率。

一、梁板混凝土验收效率分析

按国家规范要求，梁板混凝土质量验收按构件数量采用比例抽样检查方式，对于变电工程项目，在此验收环节耗时多、效率低，其原因有以下几个方面。

1. 验收过程复杂。施工质量评定程序包括施工自评、监理验收及参建单位共同验收等环节；隐蔽工程在隐蔽前由施工单位通知有关单位进行验收并形成验评文件；结构安全的试块、试件以及有关材料按规定进行见证取样检测；工程观感质量和结构尺寸由验收人员通过现场检查共同确认，以上验收过程复杂，需要大量协调工作。

2. 信息不直观。验收是按照质量检验相关表单与现场实际情况进行对比、填报，无法直观获知相关专业的质量标准和实际实施情况的对比关系，理解信息费时费力，不易于做出合理的质量评价。

3. 协同程度不足。验收的相关数据需要借助仪器测量，且人工记录的信息不易及时分享，协同程度不足，造成时间和精力的浪费。

4. 人员技能差异。质量检验人员验收时，对于质量检验的认知不足，相关检验器具的操作方法、流程不熟悉，部分资料和数据缺乏统一管理，有遗失现象等，影响质量检验的顺利进行。

5. 计划变更。由于项目在建造过程中情况复杂，设计变更以及施工过程问题导致实际施工与BIM模型（按照标准图纸制作，作为验收基准）产生偏差，对反映施工效果收益甚微。

综上所述，影响梁板混凝土验收的因素包括：验收过程复杂、可视化程度不高、填报烦琐、理解信息费时费力、需要仪器测量且人工记录不易分享造成时间和精力的浪费、质量检验人员的技术差异、项目可能发生变更等。为进一步了解导致梁板混凝土验收效率低的症结所在，本文抽取公司2018—2019年5个输变电工程的梁板混凝土验收点（表1），依据验收规范以及混凝土施工工艺规程要求对影响梁板混凝土验收效率的因素进行调查，并使用"帕累托法则"（二八原则）分析主要因素，经过整理制成图表，如图1所示。

由此可见，"验收过程复杂""信息不直观"影响因素占87.2%（分别为62.4%、24.8%），所以此两项是影响混凝土验收效率的主要因素。

二、利用 3D 扫描及 BIM 技术的梁板混凝土验收模式

针对"验收过程复杂"及"信息不直观"这两项主要因素，本文提出一种利用 3D 扫描及 BIM 技术的工程质量验收方法，以三维可视化平台为支撑，通过激光扫描已完成的对象，与信息模型（质量标准载体）进行比对得出验收结果，对于需要整改的质量问题，可进行全过程闭环可视化管理，进而提高整体的梁板混凝土验收效率和问题整改的全过程管理能力。

（一）三维激光扫描

三维激光扫描技术（简称"3D 扫描"），是一种通过自动控制技术，对复杂的现场环境、空间物体按照事先设置的分辨率进行连续的数据采集和处理，以其非接触性、免棱镜、高速率、实时性强、数字化程度高、扩展性强等优点，成为直接获取目标高精度三维数据信息、实现三维可视化的重要手段。目前其应用涉及地形测量、变形监测、灾害预警、场景虚拟等方面。

（二）建筑信息模型

建筑信息模型（简称"BIM"），是包含了创建与管理设施物理与功能特性的数字化表达的过程，过程中产生的一系列建筑信息模型作为共享的知识资源，为设施从早期概念阶段到设计、施工、运营直至最终退运的全生命周期过程中的决策提供支持。

（三）数字孪生

数字孪生是充分利用信息模型、传感更新、运行历史等数据，集成多学科、多物理量、多尺度、多概率的仿真过程，在虚拟空间中完成映射，从而反映相对应的实体的全生命周期过程。

（四）"PDCA+T"验收模式

"PDCA 循环"全面质量管理理论是美国质量管理专家休哈特博士首先提出的，由戴明采纳、宣传，获得普及，所以又称"戴明环"，其含义是将质量管理分为四个阶段，即计划（plan）、执行（do）、检查（check）和处理（action）。

通过利用 3D 扫描及 BIM 技术，以"PDCA 循环"质量管理理论为指导思想，以"5W1H""ECRS"优化相关流程，进而实现验收过程中的问题点定位、处理过程跟踪、整改结果闭环、资料数字化移交的"PDCA+T"的验收模式，通过该模式可以优化验收流程，解决验收过程复杂的问题。该模式的主要步骤如图 2 所示。

1. plan：根据 4D-BIM，制定验收计划

1）创建信息模型，作为验收基准

通过专业的信息化建模手段，按照图纸，对质量检测目标使用专业建模软件 Revit 进行 BIM 信息化建模，形成 *.rvt 文件；将三维模型集成相应数据，如几何尺寸、材质、出厂信息、施工人员、完成时间等信息，作为验收基准。

2）通过 4D-BIM，辅助制定验收计划

在 BIM 平台中，通过 WBS 各节点与信息模型相关联，即可实现工程的进度情况以动态的三维模型展现出来，以此制定验收计划，明确验收时间、所在地点、相关单位、所需工器具等相关资源。

2. do：现场 3D 扫描，采集数据

首先，三维激光扫描通过选取合理的站点、位置和数量，确定扫描路线，避免遮挡和干扰，确保足够的有明显特征的重合区域，多角度对实物扫描获取点云数据，继而使用软件对点云数据进

影响梁板混凝土验收效率因素统计表　　　　表1

项目 \ 因素	验收过程复杂	信息不直观	协同程度不足	人员技能差异	计划变更	小计
肇庆110kV龟山输变电工程	10	4	1	1	0	16
佛山220kV松夏输变电工程	19	8	2	1	2	32
东莞220kV沛然输变电工程	15	6	2	0	1	33
江门220kV孟槐输变电工程	18	7	1	0	0	26
珠海220kV吉大输变电工程	16	6	3	1	1	27
合计	78	31	9	3	4	125
百分比	62.4%	24.8%	7.2%	2.4%	3.2%	100%
累计百分比	62.40%	87.20%	94.40%	96.80%	100.00%	—

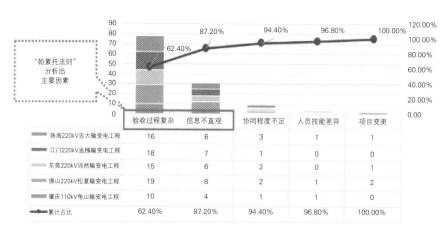

图1　影响梁板混凝土验收效率因素统计帕累托图

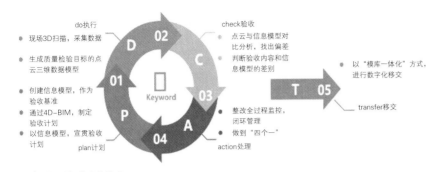

图2 "PDCA+T"的验收模式

行预处理,包括配准、校对、去噪、拼接,坐标校对将点云数据转入地理坐标中,采用适当的方法进行点云的三维建模,作为验收样本。

随后,将采集后的激光点云数据文件,使用软件Autodesk ReCap进行点云数据的拼接,检查扫描数据质量,手动调整位置与裁剪扫描范围等操作,形成点云数据三维模型(图3),并导出*.pts(也可根据实际需要导出*.rcp、*.rcs、*.e57格式)的原子构型文件。

3. check:点云与信息模型对比分析,找出偏差

利用"点云+信息模型"辅助质量验收。激光扫描产生的三维点云数据,完整地记录了施工作业完成的情况,每个点都有坐标,任何两点之间的距离都可以精确测量(精度1.5mm);将其与BIM的三维信息模型进行对比、分析,对不符合施工要求(-5~8mm)的位置进行三维标注,判断实际施工完成内容和信息模型的差别,辅助验收。

对于三维点云数据模型与BIM信息模型中的标注信息,如果不符合质量要求,则进行标注,作为质量验收的重点关注区域,由此验收人员可以聚焦异常位置并做出判断,减少了以往验收所消耗的判断时间和精力;相关异常数据载入相关的系统进行二次分析,辅助制定后续整改计划(图4)。

4. action:整改全过程监控,闭环管理

分析偏差产生的原因后,制定整改计划,并以"派单"方式通知相关负责人采取措施进行纠偏,并根据负责人回填的信息对整改全过程进行监督,做质量闭环管理。管理过程如图5所示。

1)验收问题采集

通过移动端现场采集验收的质量问题信息,如"质量图钉"定位(可视化呈现)、问题等级(便于安排处理资源)、问题描述、整改要求、发起人、处理人等。

2)相关方信息共享

验收信息资料及可视化记录在BIM

管理平台共享,整个过程在信息模型上展现,以便对质量整改过程进行监控,信息一处更改、处处更新,做到相关方对自己需要处理的事项及时发现、及时整改、及时确认,形成闭环管理,有助于现场各个单位之间的配合;如在质量例会时,通过BIM平台的三维定位、整改过程记录,分析工程质量整改状况,协调解决工程质量管理中存在的问题。

3)结合附件派单

将整改标准、工作指引等,以附件结合工单发放至实施人员处,减少由于人员差异影响验收质量的情况。

4)整改过程跟踪

在BIM平台建立质量问题的数据资料形成可追溯的过程信息,包括质量问题、事故调查整改过程的文字、语音、影像资料、文档附件等,以三维BIM模型为载体,根据"质量图钉"定位,辅助管理人员进行现场核实,直至整改处理闭环,全过程生成整改单(*.docx),各方会审后,签字存档。

5. transfer:以"模库一体化"方式,进行数字化移交

在利用3D扫描及BIM技术辅助验收和对整改全过程管理的过程中,会产生BIM的三维信息模型文件(*.rvt)、三维点云模型文件(*.pts)、处理过程的整改单(*.docx)、附件文档等,同时验收对象的属性类信息也可能会变化;以上档案类信息形成数据库,在BIM平

图3 梁板3D扫描点云数据模型

图4 点云三维模型与BIM模型对比

图5 整改全过程的BIM支撑

台与信息模型集成，即"模库一体"，以此作为数字化的移交方式，便于档案的检索、应用、归档、共享，向运维移交。

三维激光扫描以实测实量数据采集的有效方式，形成点云文件，确保了扫描精度，完整、客观地采集选定的工程部位或关键部位，作为原始现场电子资料存档；在 BIM 平台的质量管理模块生成的整改过程记录单，各方会签后存档。

三、应用效果验证

以某 220kV 变电站工程（标高 11.45m）为例对该方法进行验证。通过对各节点的耗时结果进行统计，得出板梁混凝土验收耗时统计表（表 2）。从表中可以看出，验收试点的梁板混凝土验收时间，平均为 3.8h，与使用该方法前相比节省了近 8h。

四、效益分析

采用三维扫描技术获取梁板混凝土的点云数据，经过软件处理后，转化为 BIM 模型数据，具有现实指导意义和实际使用价值；将其与设计的标准 BIM 模型进行精度对比，发现施工现场点云数字模型与标准 BIM 模型间的偏差，确保在施工过程中细节的可靠性和准确性。此方法，改变了传统的梁板混凝土误差复核模式，减少了因施工工艺、操作不当等原因造成的延误工程进度、材料和人工成本浪费现象，降低了安全隐患。

（一）社会、经济效益

1. 验收模式可以重复利用，减少准备时间。

2. 全过程的工作方式，可形成标准

板梁混凝土验收耗时统计表　　　　表 2

验收步骤		#1区	#2区	#3区	#4区	#5区	小计	
验收过程	P：制定计划	0.1	0.1	0.1	0.2	0.1	0.6	本项目研究内容
	D：采集数据	0.5	0.4	0.5	0.6	0.4	2.4	
	C：对比分析	0.1	0.1	0.2	0.3	0.1	0.8	
	验收时长/h	0.7	0.6	0.8	1.1	0.6	3.8	活动后时长
整改过程	A：闭环处理	1.0	1.0	1.0	2.0	1.5	6.5	本项目拓展优化内容
移交过程	T：数字移交	0.2	0.2	0.2	0.2	0.2	1.0	
总耗时/h		1.9	1.8	2.0	3.3	2.3	11.3	

工作项 SOP，减少培训时间，便于传承。

3. 验收人工费用，减少 10 万元（按建设单位 1 人、监理 1 人、施工单位 3 人，每人一天 300 元计算）。

（二）管理效益

1. 验收准确性方面：原来人工测量的准确率为 80%，新验收方式的准确率为 100%，提高了 20%。

2. 验收覆盖率方面：原来人工抽查的覆盖率为 10%，新验收方式的覆盖率为 100%，提升了 90%。

3. 验收进度方面：原来人工验收的时间为 11.0h，新验收方式的时间为 3.8h，减少了 7.2h。

4. 三维扫描技术和 BIM 技术结合对梁板混凝土验收的方式是全数验收，避免了抽样检查的随机性，保证了数据的客观真实，并形成一体化的梁板混凝土验收管理模式，提高了质量检测的效率。

（三）安全效益

1. 传统验收模式下，验收人员需要搭建支架才能对梁板空处的混凝土进行实体测量验收，存在高空坠落安全风险。

2. 新验收模式下，对于验收人员来说，使用 3D 扫描与 BIM 技术结合验收，不用对现场进行改动，所有测量工作可通过扫描完成后在后台进行对比偏差和测量，以直观的图像、视频，代替文字、

数据资料的同时，也避免了人员在现场的人身安全风险。

综上所述，此种验收方式的优点：质量验收过程简化；验收过程可视化程度高、易理解；数据通过软件自动生成，人工工作量减少，且易分享；降低因检验人员的技术差异导致检验结果的差别；辅助数字化移交，可作为知识库、案例库、问题库、风险库的内容形成组织过程资产。

结语

本文提出一种利用 3D 扫描及 BIM 技术的"PDCA+T"验收新模式，利用该模式可以实现梁板混凝土验收效率和问题整改的全过程管理能力的提高，并且给社会、经济、管理、安全等方面都带来了很好的收益。

参考文献

[1] 田静，白珂，李志峰，丁绍玮．基于 BIM 技术的变电站基建工程项目管理的创新实践 [J]．建设科技，2020（3）：78-82．

[2] 欧镜锋，李康华，曹文艳，田静，白珂．BIM 技术对变电工程数字化建设全过程咨询服务的支撑 [J]．建设科技，2020（17）：93-97．

浅谈如何做好零星维修工程项目的监理服务

何业茂

湖北环宇工程建设监理有限公司

引言

2021 年，公司中标"国家电网华中分部 2021 年后勤工程项目监理服务框架采购工程"。监理服务范围是对国家电网华中分部 2021 年所有需要监理的后勤工程项目的施工准备阶段、施工阶段和竣工验收阶段提供监理服务。监理服务范围包括但不限于主要设备材料查验、施工、安装、调试、竣工验收及工程移交、工程监理总结等。全方位、全过程建设监理工作包括工程质量控制、安全控制、进度控制、投资控制等。

本文结合国家电网华中分部 2021 年后勤工程项目监理服务实践，简述对零星维修工程项目施工阶段和竣工验收阶段进行监理服务的管控要点，不妥之处还请批评指正。

一、工程项目概况

国家电网华中分部 2021 年后勤工程项目主要是一些零星的维修项目。项目包括：后勤中心楼 4 楼 402 室、监控室，科技楼 19 楼办公室等维修项目；青年公寓、1207 会议室等装修项目；会议中心 3 号楼、调度楼及后勤中心仓库等屋面防水维修项目；后勤中心楼、附楼等门前道路及景观改造项目；科技楼、

会议中心消防设施维修改造项目；会议中心加压设备（水泵房）维修改造项目；东湖山庄高压配电柜维修项目；后勤中心办公楼给水排水系统维修项目；2021 年华中分部玻璃幕墙及地毯清洗项目；华中分部科技楼 3 楼档案室空调系统维修项目等，工程项目多达 50 余项。

二、项目特点与难点

（一）维修项目多、专业多

本次监理服务项目多达 50 余项，包括房屋维修装修、屋面防水抢修、消防火灾探测器完善、配电室消防装置维修、空调系统维修、高压配电柜维修、办公楼给水排水系统维修，以及会议中心广场地砖更换等多个专业。

（二）施工时间紧、任务重

项目施工时间有的长则三个月，有的只有短短十几天。业主要求施工单位必须按期完成，工期安排时间紧、任务重、难度大。

（三）施工场地狭小

本工程项目多为改造工程，原有设备拆除工作多，施工场地小。许多项目的可施工场地和空间非常有限；水泥等材料需要在不同施工阶段二次搬运；部分工作位于室内，部分工作位于居民区内；成品保护、交叉工作较多，施工危

险源较多。

（四）作业环境特殊

有的项目在办公楼内施工，在施工过程中不能影响正常办公，施工中要对过道地面和办公室其他设备做好成品保护工作。还有一些项目紧邻街道，如青年公寓装修项目，周边是居民区，四周的建筑、道路、地面和地下管线情况复杂，施工期间必须维护好周边机动车、非机动车和行人的安全通行秩序。作业环境环保要求高，管理风险大。会议中心 3 号楼屋顶防水维修项目临街，门前车水马龙，大型吊车吊臂工作时可能会碰到周围的既有建筑，存在一定的安全隐患。总之，项目施工过程受周边影响较大。

（五）施工时间受限

由于一些项目施工楼层属于办公区，建设单位要求，施工中不能有噪声，不能影响上班人员的正常办公，遇有会议时须随时停工。为了尽量减少施工对办公的影响，施工方只有下班干，节假日加班干，晚上加班加点干。国庆节期间开工多个项目。

（六）组织协调任务重

因为施工项目多、专业多、交叉作业多、施工单位多，所以在施工过程中需要沟通协调事情较多。有的项目施工场所使用性质为酒店客房，需要正常营

业，并且施工位置分布于各楼层，施工期间需要主动接受业主的统一协调，故此在施工方面存在较高的组织协调要求。

（七）安全管控风险大

有些项目为高空作业，如玻璃幕墙清洗项目、科技楼 28 楼墙面及玻璃屋面防水维修项目；还有的项目涉及吊装作业，大型吊车吊臂工作时可能会碰到周围既有建筑，存在一定的安全隐患，安全管控风险大，因而对安全施工要求较高。

三、监理控制要点

（一）选派业务过硬、懂技术、善管理、协调能力强、能吃苦、具备良好职业道德的工程监理人员负责现场监理

现场监理人员是实现工程建设高质量发展的关键。本项目为零星维修改造项目，工程项目多、专业多，施工单位多，工程施工时间周期短，各方面要求较高。面对多专业、多工程项目监理的市场需求，监理人员的工作能力和业务水平必须与此相适应。为更好地履行项目监理服务，公司高度重视，精心选派了业务管理与协调能力强、监理经验丰富的监理人员负责现场监理，代表公司全面履行监理委托合同。

本工程项目各方面要求较高，现场监理人员认真负责，在监理服务过程中，对每一个工程项目，严格按照合同、监理规范及施工规范实施监督管理。针对工程每一道工序仔细进行检查核对。会议中心消防主机联动改造项目、加装火灾报警控制微机项目、消防火灾探测器完善及配电室消防装置维修项目实施前，监理人员在审核这些项目的施工方案时，发现施工单位施工组织设计方案编

制依据的是原编号为 GB 50166—2007 的国家标准《火灾自动报警系统施工及验收规范》，现在执行的是编号为 GB 50166—2019 新的国家标准《火灾自动报警系统施工及验收标准》，原标准已于 2020 年 3 月 1 日在新标准实施时同时废止。新标准和旧标准有诸多不同之处。新标准补充完善了系统设备部件的安装、调试、检测、验收等有关技术内容，增加了电气火灾监控系统、传输设备（火灾报警传输设备或用户信息传输装置）、防火门监控器、消防设备电源监控器、分布式线型光纤感温火灾探测器和光栅光纤感温火灾探测器的施工、调试、检测及验收要求。因此，监理人员及时通知施工单位，修改施工组织方案编制依据，以满足新规范、新标准的要求，确保了工程项目施工规范化、标准化。

在此项工程项目的监理过程中，监理人员熟悉国家现行有关施工规范、规程和各类标准，并能在监理服务工作中准确运用。确保了项目监理工作按照规范要求顺利开展。

（二）强化多种施工管理措施，保障工程质量

1. 做好施工材料管理

做好进场材料管理，强化对材料的质量管理，严格把关，从各施工单位厂家的确定、订货、样品的提交与交接，到安装的全过程，监理人员层层把关，检查产品合格证、材质证明、质量保证书、出厂证明，不合格材料不得在工程中使用。如会议中心 3 号楼防水维修项目，施工单位未能对工程材料规格、型号、质量进行认真检查、核对验收，以致施工现场出现"新华水泥"与"华楚水泥"两种不一致的水泥材料。公司监理人员检查发现后立即通知其整改，调

换使用合格材料，确保了材料质量合格，实现了质量和安全管理目标。

2. 做好项目施工进度管理

本工程项目众多，按照总目标进度，有些项目可分解为拆除、管线敷设、设备安装、运行调试、装修等诸多分部。监理项目部坚持督促施工单位制定施工计划，分解施工进度目标，落实到每天，实现进度管理目标。在保证施工组织设计进度安排合理的前提下，工程进度控制过程中应重点关注各分解目标的前后环境、人工和机械条件，减小各分解目标之间的互相影响，保证工程按期或提前完成。

3. 做好工程质量控制

在本工程监理过程中，监理人员针对工程每一道工序进行仔细的检查核对，严格按照合同、监理规范及施工规范规程实施监督管理。如在后勤中心办公楼给水排水系统维修项目中，公司监理人员检查发现，施工单位在施工质量方面存在过街管道地面开挖及恢复沥青混合料黏接不强、未进行碾压、路面粗糙、平整度不够且不美观等问题。监理人员及时下发监理通知单，责令施工单位返工整改，强化施工过程中的工程施工质量管理，严格执行有关施工操作规范及工艺流程，确保了工程质量。

4. 强化沟通协调管理

本工程项目由十多个施工单位和众多人员共同参与，建设单位、设计单位、施工单位、监理单位之间保持良好的沟通协调关系是工程顺利进行并达到项目目标的重要保证。为此，在项目管理过程中，根据不同的专业、不同的项目，监理定期组织召开专题协调会。除了每周召开例会通报施工情况、协调工作外，每个项目开工时，监理人员还建

了项目微信群，群成员由建设单位、设计单位、施工单位和监理单位参与项目管理与施工的相关人员组成。参建各方随时随地在微信群里通报有关问题，协调各方关系，研究解决办法，就各个工程项目的施工进度、施工质量等事宜进行沟通交流。

四、加强安全施工管理

按国家《安全生产法》和电力系统安全文明生产的要求，认真做好工程施工全过程中的安全监理工作。在科技楼27楼会议大厅装修项目中，监理检查发现现场部分灭火器过期、动火作业地点未放置灭火器、三级配电箱未按要求接地等情况。监理人员及时通知施工单位进行整改，针对不符合安全要求及违规操作的施工人员，监理人员及时制止，始终把安全工作放在工作的第一位，在施工过程中做到安全隐患或问题早发现并及时解决。

项目关键环节、关键部位的施工中，监理人员坚守施工现场。会议中心3号楼屋顶防水维修项目吊装作业属于危险性较大的工程，且吊装作业环境特殊，存在较大安全隐患。当天进行吊装作业时，公司监理人员一直在现场旁站。在其他工程监理过程中，监理始终把安全工作放在首位，严格按照监理规范及施工规范规程实施监督管理，对督促和保证工程质量，起到了一定的作用，确保了项目施工的安全。

五、坚持原则，严格把关

监理工作原则性要强，特别是涉及工程安全和质量，监理必须坚持原则，为业主把好关，坚决做到将工程质量放到第一位。

在本次监理的项目中，有一个项目进场施工材料不合格，公司监理人员在施工现场巡检时发现后坚决不允许使用，下监理通知单要求施工方整改。还有一个项目地面砖未按标准铺贴，不符合质量验收规范，监理人员坚决要求施工方返工。施工方想通过讲人情通融，但监理坚持不达标不签字。还有的项目工程还未完全完工，就找到监理人员要求签证，监理人员仍然坚持原则，坚决不签。直到工程完工，监理人员现场检查符合设计规范要求后，才在工程签证单上签字。

监理人员坚持原则、严格把关，不仅确保了工程质量，也树立了监理坚持原则、实事求是的良好形象。最后，建设单位相关人员被监理人员坚持原则、严谨而实事求是的工作作风和人格魅力所感化，对监理的工作也表示认可。既提升了建设单位和施工单位对监理工作的认可度，又保证了工程施工质量。

结语

公司对参与国家电网华中分部2021年后勤工程项目监理服务框架采购工程具有极大的热忱和信心，对与甲方单位的合作充满诚挚的意愿。2021年，公司在整个施工监理过程中全力配合建设单位，坚持"工程第一、业主满意"的服务宗旨，不忘监理初心，牢记监管使命，肩负起工程建设监督管理、质量卫士的光荣使命，始终坚持将质量管理放在首位，通过公司监理人员的不懈努力，确保了整个工程项目全面实现"一流质量、一流管理、一流服务"的工程目标，工程监理工作得到了建设单位的高度赞赏。

参考文献

[1] 火灾自动报警系统施工及验收标准：GB 50166—2019[S]. 北京：中国计划出版社，2020.

电梯分部工程细部研究

李 毅

柳州市华宇工程建设监理有限公司

前言

电梯分部工程大多出现在中高、高层、超高层建筑，以及近年悄然兴起的高品质多层住宅。现实中，由于使用最低成本的招标策略，电梯工程往往在项目前期仅是一个大致的概念，施工图设计文件也不明确其具体技术参数。至施工中后期电梯招标投标完成后，才明确品牌规格与型号等具体技术参数。电梯造价占建筑总体造价的比例并不高，而制作安装精度却大大高于土建工程，造成项目人员常常忽视其对项目建设和工程使用的影响。

中房美佳项目分 AB 地块两期住宅，总计 26 万 m²，地上建筑含 48 层 2 栋、34 层 2 栋、18 层 1 栋、6+1 层 7 栋以及 2 栋 2~3 层服务楼（地下 2 层）。电梯工程超过 20 台，含超高层、高层、中高层以及多层电梯工程的各个型号多台电梯。以下研究了本项目电梯分部工程的几个细部，力求对监理同仁提高电梯监理水平与效果有所帮助。

一、地下水对电梯基坑渗透的影响

现场参加建设的各方，大家都会对《电梯工程施工质量验收规范》GB 50310—2002 中 4.2.5 条，"7 底坑内应有良好分渗防漏水保护，底坑内不得有积水"不大关注，认为设计文件都已完全考虑到了，可以杜绝地下水渗透电梯基坑，不会出现该种情况。现实中，由于地下水水路复杂，导致最高水位的不确定性，以及现场水路与水位分布可能与勘察成果和设计基本参数相差甚远，且前期难以检查出来，导致施工图设计文件可能考虑不足。

中房美佳项目的电梯工程在项目建设和工程使用中出现了渗水情况。研究及解决该问题是必须的——项目电梯每次因受水渗、泡、淋等均出现上千元甚至上万元的维修费用。且必须处理好才能通过特检院的验收，投入使用——《特种设备安全监察条例》第二十一条："……电梯……的安装、改造、重大维修过程……必须经国务院特种设备安全监督管理部门核准的检验检测机构……进行监督检验……"。

观察、思考、研究该问题，解决该问题，笔者认为必须考虑以下两个角度。第一，判断电梯基坑结构与防水是否需要加强，可以在开挖电梯基坑土方阶段，电梯基坑上表土基本干燥时（地下室、基础等施工采用降水措施确保地基土位置在施工时最高水位不小于 0.5m 标高），观察开挖的电梯基坑是否出现明显的流水，若不出现可正常施工；若出现流水，电梯基坑应该考虑再加强加大结构构造与防水做法，即增加简单构造如素混凝土、砌体（且在尺寸上留有加强余地），增加防水做法如在增加简单构造的基础上增加防水次数等措施。处理完成后，大基坑正常施工情况下，电梯基坑内基本干燥程度应与电梯基坑上表土（大基坑基底土）基本干燥程度相同。即修正后的电梯基坑结构与防水比较地下室其他部位的结构与防水，受到的防水外力是一致的——与施工图设计文件考虑完全相同。第二，与（消防）电梯基坑配合配套的集水坑，其正常原理为电梯基坑内有明显流水自动流向集水坑以确保电梯基坑的干燥，当其达到一定水位，内置自动泵将自动抽水。由于其重要性与不可替代性，笔者建议对其略加改进增加双重保险措施，即在集水坑内再设置小型集水钢管（焊缝封底），低于集水坑底部 0.5~1m，封底的小型集水钢管外包裹（钢筋）混凝土，与集水坑连接做止水处理，在小型集水钢管内设置小型自动泵。这样设置确保集水坑平时也基本处于基本无明显积水的状态。

二、电梯预留门洞尺寸、位置与电梯厂家型号配套的影响

众所周知，电梯厂家品牌规格与型号等具体技术参数，是施工至中后期电梯招标投标完成后才明确的。因此电梯预留门洞尺寸、位置与确定的电梯厂家规格型号在配合配套上大多数是不一致的。多年以前那种在钢筋混凝土内预埋电梯固定配件的做法早已被淘汰。中房美佳A地块的电梯预留门洞宽1.2m，高2.5m（B地块的电梯根据A地块情况调整预留门洞宽1.1m）。A地块电梯开标后确认采用的电梯其门洞宽1.1m，高2.5m。而现场装饰装修施工中发现，超高层电梯前室在消防管安装完毕后高度只有2.2m，故只能靠格栅吊顶及门套构造等来调整，相应增加签证的造价与工期，且不美观。门套两边各加大5cm的空隙，采用干挂大理石后，也增加签证的造价与工期。B地块的电梯预留门洞宽1.1m，高2.5m，但预留门洞正居中，而对此情况电梯招标文件未有约束厂家的条款，中标后，厂家按照其投标文件尺寸及简图下订单确定了钢构件尺寸，但没有细致地实测各部电梯的井道的具体情况，导致安装时电梯门偏左偏右严重，电梯门两边尺寸，一边紧张，另一边空隙较大。导致安装门套时，原来选定的比较大气的喇叭口形门套安装不了，而另一边也加大了较大空隙的工程量签证。

针对该问题，笔者认为必须考虑好以下两个方面。

一是设计时尽量考虑以后招标投标时的三四家厂家的门洞尺寸、位置的要求，以便开标以后能够尽量贴近实际情况。

二是在招标文件与签订的电梯合同中，明确强调根据现场情况定制产品——下料必须实地细致测量电梯井道的具体尺寸，制作构件必须满足现场电梯井道的具体尺寸要求，杜绝签证的可能。另外，作为电梯轨道安装的一般性要求——当多层楼房电梯井道采用砖砌体时，必须在其墙面安装电梯轨道固定配件，其位置必须是钢筋混凝土圈梁或者钢筋混凝土构造柱，高度方向间隔不超过2m安装，故设定水平钢筋混凝土圈梁间隔也同样不超过2m，以避免日后整改及产生签证的可能。

三、电梯各楼层停靠位置的标高设定及超高层电梯前室消防测试管位置布置的影响

由于明水对电梯使用与维护的影响是致命的，即明水流入电梯井道内对电子元件的损坏影响是致命的，故杜绝这一现象的发生至关重要。但实际在电梯各楼层停靠位置的标高设定调试时，往往土建施工方提供给电梯厂家的设定调试标高会忽略这一方面影响，造成在施工时或者电梯使用时，电梯前室有水或流水情况下会发生水流入电梯井道的情况。同样，超高层电梯前室需要在部分楼层设置消防测试管、消防喷淋头等，在这些位置调试检修，会造成短时大量水落于电梯前室地面上，若测试管喷淋头布置的位置排水不畅，也会导致地面水流入电梯井道内。

控制解决该问题，需要求设定调试电梯各楼层停靠位置的标高，略高于前室装饰装修完成后楼面标高3~5cm，即在电梯门口贴地砖时微微起坡，确保少量明水不至于流入电梯井道内，以及布置好消防测试管喷淋头的位置，和地漏相互匹配，确保测试时消防水不流入电梯井道内。

四、电梯机房窗、排气扇的设置，主机设备基础的设置等的影响

排气扇尺寸、个数的设置，要根据市场与现场的需要（机房目前大多数难以达到装空调的条件）。窗的尺寸、位置，以及开启方式的设置必须确保不发生雨水飘入机房淋湿控制柜损坏电子元件（电子主板）等意外情形，即《电梯工程施工质量验收规范》GB 50310—2002中4.2.4条："10 机房应有良好的防渗、防漏水保护……。"另外，主机设备基础通常会在外墙上预埋钢板，作为主机设备下工字钢或其他型钢的支座。这些都需要预先考虑，避免拆除返工，导致增加造价，影响工期。

结语

随着电梯工程的普及和走入千家万户，解决其建造、施工、日常使用管理中出现的问题，是我们应该思考和研究的课题。笔者对实际工作中发生的案例观察、思考、研究，供各位监理同仁参照，若能对提高电梯监理水平与效果有所帮助，为笔者所盼。

深基坑支护桩桩间土流失坑壁支护技术浅析

刘旭阳　　周安利

河北冀科工程项目管理有限公司

摘　要：近几年，我国城市发展迅速，几乎每个城市都会有标志性建筑，高层建筑日益增多，伴随深基坑支护施工技术日益成熟，新工艺的经验积累，在确保基坑边坡稳定的基础上，力求基坑支护技术措施达到安全与经济的合理水平。本文通过工程实例，阐述深基坑支护及止水帷幕桩间土流失与基坑地面塌陷遇到的技术、安全问题及处理方法。

关键词：深基坑；支护；安全；技术

一、工程概况

该项目位于邯郸市东部新区中央商务区中心地块，廉颇大街以东、新区纬七路以南、丛台路以北。拟建建筑物为A、B主楼及裙楼，总建筑面积12.6万m²，地上建筑面积为9.17m²，地下建筑面积为3.45m²。本工程地下3层，地上5层裙房；两栋主体结构，其中A座主楼及裙房为混凝土框架结构，地下室外墙为剪力墙结构，A座高约79m；B座为超高层建筑，结构形式为核心筒＋外框钢结构体系，高度约为130m。

二、地质概况

1. 本项目场地地貌单元属于华北冲积平原，基坑开挖深度范围内的土层以粉土和粉质黏土为主。在场地勘察期间水位埋深于7.5~10.1m，其中，在基坑底约17.6m处土层局部为粉土与粉质黏土，灰褐色状态，呈稍密、流塑和软塑状，该层土的工程性质较差，对基坑支护变形影响较大。

2. 基坑北侧综合地下管廊施工在前，采用多级放坡形式，后人工回填土夯实，其土体工程性质较差。

3. 基坑南侧及西侧存在堆土，且在基坑设计安全距离内。

4. 基坑东北侧有综合管廊T形接口，前期施工时也采用多级放坡形式，后回填土，其土体性质较差。

三、基坑设计概况

由于本工程属于超高层项目，且工程基坑深度为15.6~17.6m，基坑安全等级为一级。属于超危大基坑工程，并已经通过专家论证，划分为10个分区，其设计要点如下：

1. 基坑周边上部采用自然放坡或放坡土钉墙相结合进行支护，下部采用直径1m钻孔灌注桩加旋喷锚支护，在支护桩桩间编制直径6.5mm钢筋网片，止水帷幕采用三轴搅拌桩进行止水。

2. 基坑北侧：划分为支护1、2区，由于基础外边线距地下管廊约5m，管廊基础埋深为8.55m，由于成品保护，在该侧设计采用双排支护桩桩径1000mm、桩间距为1800mm、桩排距为2200mm、桩长为27m，中间为止水帷幕，下部为3道锚索。

3. 基坑东侧：支护3、4、7区在综合地下管廊T形接驳口采用双排支护桩，桩径1000mm、桩间距1800mm、桩排距2200mm，中间为止水帷幕，支护3、4区止水帷幕采用三轴搅拌桩，支护7区采用高压旋喷转进行闭合。支护5区采用单排支护桩，桩径1000mm、桩间距1800mm，下部为3道锚索，在支护结构外侧施工止水帷幕。

4. 基坑南侧：支护6区同样采用单排支护桩，桩径1000mm、桩间距1800mm，下部为3道锚索，在支护结构外侧施工止水帷幕。由于南侧有堆土，土方倒运至基坑深度2倍范围外。

5. 基坑西侧：划分为支护8、9区采用单排支护桩，桩径1000mm、桩间距1800mm，下部为3道锚索，在支护结构外侧施工止水帷幕。

四、现场施工及质量控制

1. 土方开挖阶段：支护桩、冠梁施工完成后，土方开挖采用四周一中心岛开挖方式，随着开挖深度增加，形成多级放坡；第一步土方开挖完成后施工第一道锚索及腰梁。

2. 桩间支护结构：支护桩桩间采用直径6.5mm光圆钢筋，间距150mm布置，在支护桩桩身打膨胀螺栓，间距1400mmx1200mm固定钢筋网片。再在桩间土中打入600mm丁字筋与直径14mm螺纹钢筋焊接形成加强筋。喷射C20细石混凝土，配合比通过实验室确定水泥：砂子：石子：水：外加剂=1:1.34:2.1:0.47:0.041。水泥采用PO42.5普通硅酸盐水泥，喷面厚度为8.5cm。

3. 锚索施工：采用直径21.6mm钢绞线以15°~20°钻入土体，高压注浆采用PO42.5普通硅酸盐水泥，素水泥浆水灰比为0.5。

五、施工过程中的问题

1. 基坑四周土方开挖后，形成支护桩桩间土支护工作面，由于专业分包单位施工机械、人员等配置不足，导致工作面闲置。使桩间土处于日晒环境，水分蒸发，导致桩间土出现裂缝，局部位置出现土体塌方。

2. 施工顺序的调整，土体出现裂缝、塌陷现象，施工单位调整施工顺序，由原来的先施工锚索后桩间土喷面，调整为先喷面后施工锚索。导致在施工锚索时对喷面造成局部破坏，由于锚索施工用水钻进，工作面底部存在积水，使得水渗入下方土体，在下部土方开挖时，导致桩间土渗水，土体强度不够。

3. 由于地质水位高，降水措施跟进不到位，使得土方在开挖过程中有淤泥层与细沙层，粉质黏土为灰褐色，呈软塑、流塑状态，使支护桩局部桩间土流失，增加了基坑安全隐患（图1）。

图1 桩间土坍孔流失

六、支护桩桩间土流失采取的处理方法

钢筋网片通过膨胀螺栓完成桩间钢筋网片编制之后，由膨胀螺栓将钢筋网片固定在基坑侧壁上，安装好钢筋网片之后，在钢筋网片内填入土包，回填之后在回填土体之间注入水泥浆，并进行混凝土喷面保护。待土体与水泥浆固结之后，形成整体，从而达到侧壁支护的效果。

总体原理即利用腰梁、膨胀螺栓、加强筋、钢筋网片的整体受力体系，将土包包围在钢筋网片内，同时利用后注浆的水泥浆填充土包之间空隙，待土体和水泥浆固结为整体之后形成稳固支护体系。

（一）膨胀螺栓、加强筋、钢筋网片安装

膨胀螺栓安装在支护桩上，竖向间距1.4m，加强钢筋为直径14mm的HRB400的钢筋，水平布置，竖向间距1.4m，相邻钢筋搭接长度为10d，焊接连接。其钢筋网片为6.5mm的光圆钢筋，间距150mm绑扎，与加强钢筋绑扎连接。

（二）土包回填、灌浆处理

利用编织袋装土，要求编织袋装土饱满，具体大小按照桩间土塌方情况而定。在回填过程中要求填实，土包之间不可以有空隙，同时将钢筋网内部分都填满。在回填土包顶部灌入水泥浆，使水泥浆渗透进入土包内，在桩间钢筋网片外喷射混凝土喷护（图2）。

（三）桩间土渗水处理措施

在利用土包回填封堵过程中，为处理锚索孔渗水现象，采取在土包回填中设置导流管引流，外部采用双液注浆法进行封堵，具体措施如下：

1. 用洛阳铲在渗水锚索正上方进行打孔挖土，开挖至该锚索坍孔处停止挖土。

2. 下注浆管至开挖孔底。

3. 采用水泥浆、水玻璃双液进行注浆，使其在1min内迅速凝固，水泥浆和水玻璃浆液采用1:1比例注浆，期间可根据现场实际情况调整注浆比例（图3）。

4. 分批多次注浆直至该处不再渗水。

5. 针对土体掉落的现象，利用丁字筋将钢筋网片固定在土体表面，同

图2 土包回填并插入引水管

图3 水泥浆、水玻璃双液浆

图6 桩间土支护

图4 桩间土喷射混凝土施工

图5 丁字筋、钢筋网片固定

时进行喷面支护，阻止土体进一步掉落即可（图4、图5）。

七、桩间土流失处理效果

通过土包＋引流管＋双液注浆，使得桩间土塌陷部位得到填充，有效解决了桩间土流失的现象，锚索孔渗水现象也得到解决，增加了基坑支护整体稳定性及基坑安全系数（图6）。

结语

支护桩在施工期间，借助仪器对基坑周边冠梁进行长期观测，无异常情况，最终使基坑支护体系桩间土流失处于稳定状态，确保了深基坑安全，避免了桩间土塌方造成的安全事故。

参考文献

[1] 建筑地基基础工程施工质量验收标准：GB 50202—2018[S]. 北京：中国计划出版社, 2018.

[2] 建筑地基处理技术规范：JGJ 79—2012[S]. 北京：中国建筑工业出版社, 2013.

[3] 岩土锚杆与喷射混凝土支护工程技术规范：GB 50086—2015[S]. 北京：中国计划出版社, 2016.

[4] 建筑基坑支护技术规程：JGJ 120—2012[S]. 北京：中国建筑工业出版社, 2012.

[5] 复合土钉墙基坑支护技术规范：GB 50739—2011[S]. 北京：中国计划出版社, 2012.

高速铁路40m箱梁预制质量全生命周期监控重点

张营周

河南长城铁路工程建设咨询有限公司

摘　要： 依据某大型公共建筑工程的全过程咨询工作需求，针对其采用的"PPP+EPC+基金"投资及工程管理模式，成立监管一体化机构，集中各类技术人才，应对全过程工程咨询工作中的疑难问题。应用"项管+监理"的管理模式和BIM技术，有效地降低了设计、施工、运维等阶段各种管理工作的复杂程度，增强了项目全过程咨询工作的市场应用价值。

关键词： 监管一体化；项目全过程咨询；"PPP+EPC+基金"投资管理模式；BIM技术应用

一、工程概况

新建郑州至济南铁路连接山东、河南两省省会，线路呈西南走向，是河南省"米"字形高铁的最后一捺。郑州至濮阳段东起濮阳市濮阳东站，途经濮阳市、安阳市、滑县、鹤壁市、新乡市、郑州市，终至既有郑州东站。

线路正线全长197.279km，桥梁7座共178.342km，桥梁比90.4%。新建、改（扩）建车站7个，其中郑州东站、新乡东站为既有车站改（扩）建，濮阳东、内黄、滑县浚县、卫辉南、平原新区为新建车站；同时新建杨庄、马渡和马村共3个线路所，改建郑济客专鸿宝线路所。

由中铁二局承建、河南长城铁路工程建设咨询有限公司监理的ZPZQ–Ⅵ标

段工程内容包括黄河特大桥北引桥正线（郑济高铁）、市域铁路和快速公路3部分，具体施工内容包括：

1. 正线施工范围为郑州黄河特大桥北岸引桥（公铁合建段起点至主桥起点），即186墩（含）至371号墩（不含），里程DK381+304.15 ～ DK389+107.84，线路长度7804m。施工内容为线下工程（含无砟道床施工及双块式轨枕铺设）、生产生活房屋及相关配套工程。

2. 市域铁路同期实施段（KG381+009.29 ～ KG381+304.15）。

3. 快速公路同期实施段（K381+222.75 ～ K381+304.15）。

其中原阳制梁场负责郑州黄河特大桥北岸引桥344榀40m箱梁、9榀32m箱梁和1750榀公路小箱梁预制施

工任务。原阳制梁场占地195亩，制梁台座8个，双层存梁台座40个（1个静载台座），设计最大产能60榀/月，设计最大存梁80榀。

40m预制箱梁作为中国国家铁路集团有限公司重大科研创新成果的首次工程化应用，与传统32m箱梁相比，铁路40m箱梁具有跨度增长、高度增高、体积增加、重量增大和预应力增强明显并采用单排大锚具设计等特点。

40m预制箱梁预制基地——原阳制梁场结合实际提出"配套先进，运行稳定，质量可靠，信息透明"的梁场建设和质量管理的总体目标和工作思路，总结和集成全国铁路建设系统箱梁预制先进技术和经验，以铁路梁场管理信息化平台开发运用、自动化生产工艺及检测

手段提升和管理创新为抓手，促进管理和技术进步，实现铁路箱梁预制工程施工管理和产品质量本质优良。

二、标准化梁场前期研究和建设情况

建设初期，监理单位和施工单位均设立了精干高效的项目组织机构，建立健全了各项管理制度，编制完成了梁场建场技术论证、梁场建场方案和箱梁预制施工方案并通过审批，同时完成了材料源考察，并在长城监理的见证下及时取样、送检合格。

梁场建设在吸收借鉴全路制架梁先进的设备、工艺和管理经验的基础上，以 BIM 设计应用、信息化管理平台开发运用、40m 箱梁制运架施工技术创新为主要内容，打造"配套先进，运行稳定，质量可靠，信息透明"的标准化梁场。

梁场建设以铁路梁场管理信息化平台开发运用、自动化生产工艺及检测手段提升和管理创新为抓手，促进管理和技术进步，做到了铁路箱梁预制工程施工管理水平高，产品质量优良。

施工单位、监理单位与铁科院联合开发应用铁路梁场综合管理平台 2.0，总结形成梁场标准化管理经验，创建绿色梁场。结合 40m 箱梁技术标准、生产工艺和周边环境特点，设计并采用了装配式钢构制梁台座、装配式钢筋预扎架、钢筋整体吊架、装配式桥梁模型；拌合站和制梁养护区设置多级沉淀池，实现养护水回收利用和施工污水达标排放；采用雾炮消尘器和洒水车降尘，减少扬尘和污水排放；开展园林化生产生活区建设，优化场区布置，增绿降污，大量采用太阳能、空气能等新能源或低能耗设备；优化施工组织，避开冬期施工。同时，采用了以下创新做法。

（一）研究创新工艺工装

围绕 40m 箱梁新结构、新工艺特点，积极开展关键技术创新提升，科学选配工装设备。研发了 1000t 箱梁搬运机、自控式喷淋养护系统、试验数据自动采集系统、静载试验自动控制装置及配套的静载试验架；优化了台座、模型、预扎架结构设计；采用了成品束钢绞线及配套的自动穿束台车；引进了自动张拉、自动压浆、钢筋数控加工设备，以技术进步与先进工装设备手段保证箱梁质量。

1. 监理参与研究创新的 4 种安装

1）箱梁自驱式液压内模（有专利）：每套箱梁内模配置 1 个固定托架、1 个移动托架，利用固定和移动托架的电驱系统自动行走，实现内模快速安全安装拆除。

2）箱梁钢筋预扎自动升降内架（有专利）：箱梁钢筋预扎内架利用梁体底板泄水孔设支撑立柱和辊轮，上承通长滑动管，由固定矩形套管套入上活动架滑动套管，采用电力驱动齿轮箱以实现自动升降，设螺旋撑杆微调，并在面板与腹板连接处设活动铰接，斜向倒角支撑，以模拟梁体尺寸，确保钢筋定位准确。

3）预应力孔道橡胶棒抽拔台车（有专利）：抽拔台车由走行、横移、升降、拔管机构组成，采用轮式输送确保橡胶抽拔管受力连续稳定，不损伤胶管，解决了 120mm 橡胶管卡瓦链条式传动力稳定性不足的问题，适用于梁场各种直径的橡胶抽拔管，方便快捷。

4）成品束钢绞线穿束台车（有专利）：针对铁路箱梁首次采用的成品束钢绞线，研制了链条卡瓦式穿束台车，保证钢绞线束顺直无缠绕，钢绞线与两端锚孔一一对应，确保有效应力满足设计。

2. 监理参与研发的 4 台关键设备

1000t/40m 级搬运机；MG500 提梁机；1000t/40m 级运梁车；1000t/40m 步履式架桥机。

3. 监理参与研究集成的 5 套设备

预应力筋自动张拉；预应力管道自动压浆；箱梁自动静载系统；箱梁混凝土自动养护；钢筋数控加工。

（二）施工、监理与铁科院联合开发应用铁路梁场管理平台 2.0

通过与铁科院联合开发，应用 2.0 平台将先进的管理理念固化为信息化管理手段，通过物资、试验、钢筋加工、混凝土生产、预应力加载、压浆、养护、静载试验、运架流程环环相扣。以标准化管理为核心，以信息化技术为手段，从生产进度、质量、安全实际出发，不断提升梁场管理水平和监理水平，从而达到优化资源配置、规范项目管理、提高工作效率、节约运营成本和提升监理水平的目的，实现预制梁全生命周期管理，并为梁场生产管理辅助决策提供支撑。

1. 平台开发的三个阶段

在系统升级试运行阶段，监理就提出了 3 项优化要求，即优化工序流程、强化 BIM 建模；优化过程管理、确保三大控制；优化内业管理、完善签字流程。

2. 研究确定的三大主线

主线 1：制梁工序流程

桥梁列表→制定生产计划→下达生产任务→箱梁预制工序流程。

张拉、压浆、喷淋、静载→监理验收→梁体档案管理→出库管理。

主线 2：物资试验运转流程

材料进场验收：取样见证→委托送检→试验检测→监理试验见证→试验结果反馈。

主线3：资料电子签字确认流程

梁体技术档案：资料录入完成→提交签字确认→签认流转（含监理）→完成签认。

3. 平台运行

日常进行平台应用和管理，保证材料试验及工序质量管理信息化，提升质量管理水平。平台共发现问题323个，截至预制50片时已全部处理完毕。

4. 总结梁场标准化管理经验

现场形成一个平台、一个标准化制度和一套合格的竣工资料，结合技术创新、先进工艺和信息化手段形成管理经验，做铁路40m箱梁工程化应用科研报告。

（三）BIM技术在预制箱梁监理质量控制、程序和措施方面的应用

1. 在图纸会审、设计交底过程中，监理提取设计单位制作的设计模型并对模型深度和质量进行审查：审查图纸中可能存在的错误，由BIM监理技术人员检查综合布线的合理性，并同现场专业监理工程师一道复查设计图纸的合理性和可行性。

2. 利用BIM模型审查施工方案：根据建模提取施工单位经深化设计后的施工模型，关键节点的施工方案模拟，由BIM监理技术人员同现场专业监理工程师一道审查施工方案的合理性和可实施性，并根据"危险性较大的分部分项工程"要求进行专家论证和评审，进一步完善监理质量控制的关键节点信息。

3. 利用BIM模型控制材料、设备、构配件的质量：BIM监理技术人员同试验监理人员提取实体模型中材料、设备、构配件的信息并加入监理审核信息，平行检验结果信息。

4. 利用BIM模型，对复杂节点和关键技术进行模拟，对施工方进行技术交底和过程检查。根据BIM的可视化特点，BIM监理技术人员将以往平面构件形成3D立体实物图形展示在技术工人面前，并且实现按步骤组装的讲解，提出质量控制关键点和技术要求。

5. 在检验批、隐蔽工程和分项验收工作中，BIM监理技术人员和现场专业监理工程师提取BIM模型中检验批、隐蔽工程和分项工程信息，并加入验收结论实测信息等，确保检验批、隐蔽工程和分项工程信息的准确性和完整性。

6. 在竣工验收过程中，BIM监理技术人员提取竣工模型，对竣工模型真实性进行审查、模型移交，并加入竣工验收结论，确保竣工资料的完整性。

三、40m预制箱梁监理质量控制重点

原阳制梁场自2018年5月18日开始首孔40m箱梁混凝土浇筑，到8月28日完成局级投产鉴定，2018年9月12日完成部级鉴定，截至2019年11月8日箱梁预制全部完成，截至2020年9月17日，箱梁架设全部完成，2022年1月全线通过了静态验收。

（一）加强质量监理工作

监理项目部建立了完善的质量监控体系，制定了质量监理目标及措施，并将40m预制梁场质量控制要点分解到各专业，形成控制网络，通过事前、事中、事后控制工程质量。

监理项目部以BIM技术应用、标准化管理为核心，以先进的管理理念——与铁科院联合开发应用铁路梁场管理平台2.0为信息化管理手段，以40m箱梁制运架施工与监理技术创新为主要内容，使物资、试验、钢筋加工、混凝土生产、预应力加载、压浆、养护、静载试验、运架、监理实时电子签认流程环环相扣，从而实现监理全过程实时监督管理。从生产进度、质量、安全实际出发，提升监理水平，实现40m预制梁全生命周期管理，并能为梁场生产管理辅助决策提供监理咨询。

1. 事前控制

1）监督施工单位严格执行国家和国铁集团颁布的铁路工程建设标准、工程施工质量验收标准和工程承发包合同，以及建设单位有关的技术要求。

2）核查施工单位技术管理体系、质量保证体系的组织机构、质量管理制度、专职管理人员和特种作业人员的资格证、上岗证是否按承包合同兑现，签认施工单位提交的主要进场人员报审表，发现问题报告建设单位，并要求施工单位进行纠正。

3）审查施工单位的制梁施工组织计划是否满足合同条件的要求，以及设计文件的要求。

4）对进场材料、构配件和设备质量进行监控：审查进场材料、构配件和设备生产厂家提供的质量证明文件和相关资料。

5）审查新材料、新产品的鉴定证明和确认文件。

6）督促施工单位对进厂材料、构配件和设备进行检验、测试，施工单位自检合格后，向监理站提交进场材料、构配件和设备报验单，监理工程师审核合格后，予以签认。

7）检查现场所需的砂、石料等建

材的规格和质量是否满足工程要求，并监督检查各种试验。

8）审核混凝土及压浆的配合比。

9）对未经监理工程师验收或验收不合格的材料、构配件和设备，监理工程师应拒绝签认，并签发监理工程师通知单，通知施工单位严禁在工程中使用或安装，并限期将不合格的工程材料、构配件、设备撤出现场。

10）审查现场施工准备条件及进场的设备、构配件、主要材料是否满足需求。

2.事中控制

1）监督施工单位审批过的施工方案落实情况，作业指导书及技术交底的交底落实情况。

2）对施工单位的检测仪器、计量器具和设备的技术状况进行全面监督，定期检查。审核度量衡的定期检验资料，保证度量衡设备的准确性和可靠性。

3）对施工材料进行抽检试验，见证抽检和平行抽检试验数量按有关专业验标规定的比例进行试验。并对梁体进行验收检查和强度验证试验。加强梁体的后期养护监控。

4）隐蔽工程检查签证：对箱梁模板、钢筋、预埋件、预应力管道等按照设计及验标要求，施工单位必须在自检合格后，报请监理工程师检查。监理工程师应对每道工序检验并签认，未经监理做出合格签认的，不得进入下道工序。

5）关键工序进行旁站监理。按照委托监理合同专用条件，对梁体混凝土浇筑、张拉、压浆实施旁站。旁站中，做出详细记录，真实反映施工过程。监理组负责人及总监理工程师应随时抽查监理旁站及旁站记录，以确保工程质量。

6）对已完成的检验批按工程施工质量验收标准进行检查验收并签认。

7）对施工过程中施工单位提出的设计变更和图纸修改，严格审查同意后报经建设单位确认后可实施。

8）在委托监理合同权限内，发出有关书面指令，向施工单位指出施工中存在的问题，要求及时整改，并对整改过程进行跟踪落实，以确保工程质量。

3.事后控制

1）梁体预制张拉压浆完成后，观察梁体的上拱值及安全措施。

2）在架设前及时督促施工单位进行每片梁的检查验收，包括梁体的几何尺寸、强度、上拱度预埋件的位置等，及时填写验收评定资料。对偏差过大的，指令施工单位采取补救措施，以满足设计要求。

3）监理项目部严格按照国铁集团竣工文件编制办法建立、完善、收集、整理、归档、组卷工程项目监理资料和档案。

（二）加强重点部位和关键工序旁站

1.旁站项目：梁体混凝土浇筑；预应力钢绞线的初、终张拉；预应力管道的压浆；其他需旁站的项目。

2.旁站过程中注意以下主要内容：用于梁体的材料、设备，现场施工人员及施工条件与批准的施工方案是否相符；各种集料、配合比及用量；施工方法和操作工艺；施工人员试样抽取和控制参数的测定及记录；工程作业的施工环境。

（三）加强质量信息收集与分析

监理项目部和梁场监理工程师建立了质量信息收集系统，定期进行整理、分析和处理。

四、目的与效果

通过开展关键技术创新提升，科学选配工装设备，辅以BIM技术与铁路梁场管理平台2.0技术的开发应用，将先进的管理理念固化为信息化管理手段，以标准化为核心，以40m箱梁制运架施工与监理技术创新为主要内容，使各流程环环相扣。从生产进度、质量、安全实际出发，提升管理水平，达到优化资源配置、规范项目管理、提高工作效率、节约运营成本的目的，提升了40m箱梁预制的监理水平和工程施工管理水平，实现了铁路40m预制箱梁的全生命周期管理，产品质量优良。目前，全套40m箱梁预制管理经验已在沪苏湖铁路、南沿江铁路等项目中得到成功运用。

中新广州知识城九龙湖知识塔项目
质量安全风险防控经验交流

黎红中　　蔡险峰

广州宏达工程顾问集团有限公司

一、工程概况

中新广州知识城知识塔项目建设地点位于广州市黄埔区九龙镇开放大道以西、九龙湖以北，JLXC-F1-1地块。作为中新两国合作的标杆项目，知识塔设计高度达330m，将打造新一代超高层办公与共享空间，作为知识城内最高地标建筑矗立在九龙湖畔，成为中新双方共同推动知识城在科技创新、城市建设、知识产权、人才交流与培训、招商引资等领域合作的重要载体。其外观设计为三叶草形，中庭共享空间连续延升绿色空间到塔冠。知识塔项目建设用地面积约2.8万 m²，总建筑面积约39.9万 m²，塔楼建筑高度330m，地上53层，地下5层，裙楼3层/1层，集办公、酒店、商业于一体。目前地下室裙楼已完成45%（表1）。

二、质量、安全组织保障体系

1. 针对本工程的特点和施工难点，为了实现工程开工之初制定的创"鲁班奖"的质量目标，各级单位上下统一认识，坚持高标准、严要求，以过程精品来确保工程最终创优，从质量保证体系的建立和运行、质量控制的管理措施和技术措施到积极开展全面质量管理活动和技术攻关活动均明确责任，层层落实（图1）。

2. 项目部组织总包及各劳务分包对施工技术、方案制定管理办法，保证质量底线管理要求，质量管理标准化实施指南，以及项目质量亮点做法、质量管理标准化文件等相关管理制度进行宣贯学习，同时对2022年技术质量相关制度进行宣贯。在项目施工过程中针对劳务班组人员的流动分阶段进行培训，确保制度宣贯全覆盖。

3. 加强质量、安全施工过程控制，严格落实"三检"制度，做好材料验收、送检等。

三、项目亮点

本项目基坑面积约2.3万 m²，塔楼区域基础为工程桩，非塔楼区域基础为抗浮锚杆，其中塔楼区域面积约为6000m²。工程桩分为三种桩径：ZH1：2800mm，ZH2：2500mm，ZH3：2200mm，分别有ZH1：47根，ZH2：23根，ZH3：25根，共计95根，桩长

工程建设概况一览表　　　　表1

序号	项目	内容
1	工程名称	中新广州知识城JLXC-F1-1地块知识塔项目
2	工程规模	用地面积约2.8万m²，总建筑面积约39.9万m²
3	工程地点	广州市黄埔区九龙镇开放大道以西、九龙湖以北
4	建设单位	广州市启川房地产开发有限公司
5	监理单位	广州宏达工程顾问集团有限公司
6	施工单位	中国建筑第八工程局有限公司
7	设计单位	华南理工大学建筑设计研究院有限公司
8	勘察单位	广东省地质物探工程勘察院
9	工期	工程合同工期总日历天数：1386天 2021年6月29日开工，至2025年4月15日竣工完成
10	质量目标	1）确保国家级工程优质奖 2）争创鲁班奖
11	绿色施工目标	必须取得"LEED铂金奖"及"中国绿色建筑三星级"认证
12	文明施工要求	省级安全文明双优示范工地

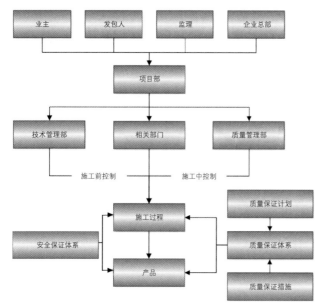

图1　项目部质量组织保证体系

约30~60m，成孔工艺为泥浆护壁成孔。桩基分布较为密集，最小桩间距仅为500mm。根据本项目勘察报告，拟建场地属低缓丘陵地貌，周边地面标高约在40～44m，场地岩土层有第四系人工填土、冲积层粉质黏土、中砂、残积层砂质黏性土，下伏基岩为燕山期花岗岩。根据地勘报告，场地未发现有崩塌、滑坡、泥石流、地面沉降、地面塌陷等不良地质作用，存在部分孤石，5个钻孔钻遇"孤石"，厚度在0.7~1.3m。因本项目地质情况较为复杂，地下岩面起伏大，为保证工程桩全截面入岩，原设计超前钻为一桩1孔，后经勘探揭露，地下岩面起伏大（一桩内岩面最大高差为15.56m），为确保本项目工程桩施工质量满足设计要求，由甲方、监理组织勘探单位、总包单位召开专题会议，主要从以下方面进行管控，具体如下：

1. 部分桩径及起伏较大区域，由一桩1孔改为一桩4孔，并定好终孔标准，为后续施工提供坚实充足依据，保证桩体全截面入岩。

2. 入岩判定，组织业主、监理、总包、劳务等共同见证，必须保证设计入岩深度及全截面入岩，对存在疑问的更换钻头取岩判定或现场桩型入岩判定，经三方见证确认，到达深度仍未全截面入岩，提请设计与勘查单位进行判定。

终孔标准（分三种情况）：

1）单孔超前钻桩，比超前钻提前入岩，以超前钻资料为准。

2）单孔超前钻桩，比超前钻后入岩，以实际入岩标高再入岩1m。

3）4孔超前钻桩，以超前钻孔最低入岩标高再入50cm。

3. 桩基施工平台方案策划，考虑到原有场地不足以支撑大型机械行走、站位，以及方便桩施工过程中的泥浆中转循环，结合本建筑"三叶草"形状，策划沿桩边砌筑导墙，塔楼内部规划50cm混凝土内环道路，外侧规划30cm混凝土外环路，采用砖渣回填、垫层封闭，形成桩基施工平台。

施工大平台优点：

1）可有效控制统一的桩顶标高，减少总体空桩长度。

2）减少破桩头工程量，同时缩短工期。

3）确保人能在基坑中穿皮鞋行走，保证大型机械站位、行走稳定。

4. 施工台账信息反馈每根桩从开始施工到成桩过程中每分项节点数据，如开始时间、完成时间、开孔孔口标高、护筒标高、入岩深度、终孔深度、磨岩厚度、有效桩长、浇筑完成时间、充盈系数等，在成桩过程中汇总存在的问题，对每天成桩存在的异常情况及时组织专题会议进行分析讨论。

5. 根据本工程桩施工经验，为达到最佳质量效果，各工序间的衔接需紧密，尽可能缩短工序衔接时间，总结出工程桩主要工序衔接时间控制要点。

6. 关键工序质量管控，二次清孔验收合格后即可发料，等待混凝土的过程中需一直保持泥浆循环清孔状态，在混凝土罐车到达现场后，再次进行第三次清孔验收沉渣厚度、泥浆相对密度、黏度、含沙率检测，检测合格，举牌验收后，方可浇筑。

7. 当三次清孔验收合格后方可同意浇筑，根据方案所定，浇筑前检查导管内是否有异物，防止堵管。开塞前必须保证现场有5台罐车等候，且开始浇筑时必须保证2台罐车同时浇筑，浇筑应连续进行不可中断，前10车料需添加8~10h缓凝剂。整个混凝土浇筑过程中必须保证混凝土供应及时，导管埋深必须控制在4~6m之间，过程中应随时检查混凝土面高度，计算导管埋深，及时拆除导管，避免导管埋深过长。

8. 重点跟进成桩后10m泥浆稠度、返浆情况，并及时采用大直径水管稀释泥浆或人工疏导泥浆等有效措施确保成桩质量。混凝土浇筑，方案根据料斗尺寸计算了理论开塞量，初始等待罐车混凝土量需考虑埋过导管 5m 的量加全长导管内的量，再加导管距底部 0.3~0.5m 时的量，因此在实际浇筑前，必须保证现场至少有 5 辆罐车等待，方可开始浇筑，要求两台罐车同时连续浇筑。根据计算，单根桩浇筑时间约为 5.75~11.5h，与现场实际浇筑时间相符合。

9. 工程桩施工汇报

1）做好每日计划开孔及浇筑信息汇报。

2）做好每日施工中完成情况可视化信息反馈。

本项目工程桩计划完成节点为 2021 年 9 月 26 日，自 2021 年 6 月 18 日开工，历时 74 天，日均完成 1.28 根桩，于 2021 年 8 月 31 日完成全部 95 根桩，提前 26 天完成。大直径旋挖成孔灌注桩经检测站采用钻芯法检测、声波法检测、小应变检测，均达到设计要求。项目的管控与协调过程得到各方的支持与肯定，应用推广方面评价较高。根据实施效果，此技术管控全面解决施工难题，又节约成本，整体提升技术具有创新性，可以满足现场技术指导、工期缩短的要求。

四、项目重难点及监控措施

本项目在进场后，通过分析项目情况审核项目施工组织设计（方案）总计划，落实项目方案的实施。方案审核完成后通过项目内部小组成员共同学习，保证方案落地实施质量。目前项目审查完成各类方案共计 56 份。在方案体系中，总承包单位使用品茗软件进行受力计算，同时所有方案均利用 BIM 技术建模直观表述，同时在方案中将亮点做法

涵盖其中，保证亮点做法的实施。主要从以下几方面进行管控。

1. 方案审批完成后组织施组方案交底，项目部及劳务主要管理人员全覆盖。同时根据项目工程进度、人员变动以及施工控制情况等不定期进行交底。

2. 自项目开工以来，结合项目实际情况制定样板引路实施计划，各项工序施工以前严格按照《技术质量实施管理细则》中样板引路要求，每道工序开始之前制定样板，经业主监理共同见证验收，验收合格后方可进行大面积施工，已完成实体样板 25 份。

3. 项目部根据项目技术质量底线管理要求开展质量风险自查、质量风险防控工作。对检查情况进行定向分析，开展质量风控分析会，及时发现防控过程中的质量隐患，跟踪技术质量检查问题，形成销项清单，指定责任人及完成时间，形成管理闭环。

4. 本工程塔楼大底板一次浇筑量为 1.3 万 m³，底板厚度 1.8m，局部厚度达 4.7m，项目从钢筋绑扎、机电预留预埋、钢结构以及混凝土浇筑等过程进行严格质量把控，严格遵循三检制，举牌验收制度。大底板经验收合格，经过甲方、监理及总包单位、劳务班组几轮讨论商定浇筑布置。浇筑采用 1 台 72m 天泵、4 台 60m 天泵、2 台地泵，基本浇筑顺序为东塔与西塔同时开打，向中间收拢，在南塔结束，总体浇筑时间 60h 完成。浇筑前项目管理人员进行专项交底，人员分工布置，包括工地内车辆行走路线交通指挥等。

5. 混凝土浇筑过程情况信息汇报。本工程对地上混凝土浇筑施工过程的各注意事项及施工要点进行论述，裙楼和塔楼地下 1 层～地上 3 层的混凝土采用

天泵或地泵浇筑，3 层以上主要采用液压自爬升布料机进行浇筑，局部小体量构件可采用塔吊运输浇筑。充分发挥整体优势和专业化施工保障，按照成熟的项目管理模式，全面推行制度化、标准化、信息化、数字化管理，浇筑前 3~6h 提交浇筑申请计划，浇筑过程中每 2h 汇报浇筑完成情况，并将现场浇筑完成照片发在微信群。

6. 过程工序可视化验收钢结构工程。本工程地下室钢结构安装量为 2000t，其中外框柱 72 根，核心筒柱 1109 根，单根柱子重量在 0.3~19.5t 不等，柱子间的对接焊缝全部为全熔透一级焊缝，焊缝质量合格率 100%。项目对预埋件安装、钢柱安装以及钢柱焊接等过程进行严格质量把控，严格遵循三检制、举牌验收制（图 2）。

五、安全措施及管理

1. 为强化工程项目安全及文明施工管理，规范安全文明管理行为，加强对项目安全文明施工监督管理，及时消除安全隐患，实现"广州市安全文明绿色施工样板工地"及"广东省房屋市政工程安全生产文明施工示范工地"的创优目标，制定《安全文明施工管理办法》《安全文明施工督查实施办法》。

2. 依据法律法规、安全文明施工技术规范及标准等制定本办法，各参建单位应当遵守《中华人民共和国安全生产法》《中华人民共和国建筑法》《建设工程安全生产管理条例》《生产安全事故报告和调查处理条例》《建筑施工企业安全生产管理机构设置及专职安全生产管理人员配备办法》《广东省安全生产条例》《广东省住房和城乡建设厅建筑工程安全

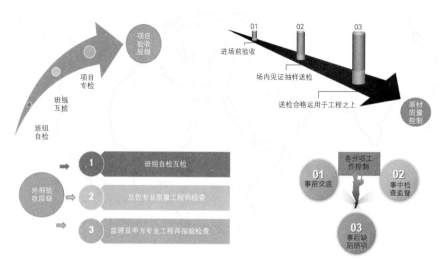

图2 严把工程质量关

生产动态管理办法》等有关法律法规，并结合项目实际情况，根据法律法规、技术规范及标准、合同、当地建设行政主管部门要求及本办法组织实施。

3.为了提高全员安全意识和防范能力，进一步加强建筑工地安全管理，有效降低事故风险，每季度组织应急演练，共有180人次参加演练。

4.预防为主，防患未然。项目部开展新冠疫情防控处置应急演练。进一步完善项目部日常疫情防控应急处置工作，增强职工自我保护意识，强化全项目应急处置意识，提高应急处理能力。返岗人员信息、密切接触人员查询、短信查询有无去过疫情重灾区，无误后方可办理入场手续，完善一人一档资料。

5.近期，面对新冠肺炎疫情的卷土重来，项目部立即加强疫情防控工作，进行全员核酸检测，只有接种过疫苗、核酸检测阴性、查询行程卡未经过中高风险地区三个条件都满足的前提下才允许入场，每日进行测温、消杀等工作，积极与街道办、质监站等政府部门对接，预约团体疫苗，保证疫苗接种率100%。

6.项目严格按物资储备数量一个月以上、2个口罩/人·天、10个电子测温枪/工地出入口的要求，储备了口罩、测温枪、消毒液、一次性手套及喷壶器、护目镜、防护服等防疫物资。

细微之处见真功，"鲁班奖"工程不仅要有良好的外观形体、合理的功能、优良的主体和基础结构施工质量以及完善的设备，还要在细部、局部等微观层面体现施工的水平和质量，实施精细化施工。在"鲁班奖"的复审中尤其重视局部和细部施工的质量，所以重视细部亮点策划，实施精细化施工对于工程整体质量和品质的提高具有重要的意义。

监理企业如何开展全过程工程咨询服务的实践经验

程光军　陆　青

华春建设工程项目管理有限责任公司

摘　要： 在《关于促进建筑业持续健康发展的意见》（国办发〔2017〕19号）的顶层设计下，试点地区积极探索和有序推进全过程工程咨询，各监理企业以此为契机谋求业务转型以适应新业态。在剖析传统监理业务发展现状、全过程工程咨询开展中面临主要问题的基础上，提出监理企业推行全过程工程咨询的几点建议，与同行共同探讨交流。

关键词： 企业发展；市场

一、监理企业发展全过程工程咨询的必要性

（一）监理企业发展现状

我国自1988年推行建设工程监理至今，已探索发展近30余年。工程监理在理论和实践层面积累了丰富的经验，为工程建筑的品质提升做出了巨大贡献。但是和国外同行相比，工程监理自身也存在一些问题，这些问题也成为阻碍监理行业发展的瓶颈和困境。

1.企业定位单一

按照住房和城乡建设部对监理制度的设计，监理单位在工程实施过程中，应当做好"三控、两管、一协调"的工作内容。然而，在监理的发展过程中，监理"三控"中的投资控制、进度管理的职能基本上由建设单位操控，监理单位按建设单位的指令执行，一般只侧重于施工阶段的质量和安全工作，没有进入项目决策阶段和项目运维阶段，没有

进入推行之初要求的全过程、全方位监理。这无疑限制了监理企业向项目"全过程工程咨询"发展的进程。

2.同业竞争激烈

监理企业准入门槛较低，市场存量比较大，但建设工程项目的数量是有限的，这样就产生了较大的市场竞争。而这种竞争大多不在业务服务方面上竞争，只是价格的竞争。

2007年国家发改委、建设部联合发布的《建设工程监理与相关服务收费管理规定》（发改价格〔2007〕670号），虽然有政府指导价，但即使是政府财政项目和国有企业项目的监理收费，有很多都是按照基准价下浮20%甚至更多，私有企业投资的项目则根本不会考虑指导价，完全采用市场调节价。监理收费过低，加上不正当竞争，导致企业人才匮乏，服务质量严重下滑，综合实力难以提升，整个监理行业也随之进入一个恶性循环的困局。

监理企业要想破解困局、摆脱低价值竞争的恶性循环，就要探索一条多元化的发展道路。

（二）抓住市场发展契机

实践证明，传统的工程管理模式已无法满足建设业主和行业发展的需要。传统的工程管理模式虽"五脏俱全"，但"各成一派"，各参建单位缺乏全局意识，利益永远高于品质。随后衍生的项目代建，也未从根本上解决问题。所以，当前的国内建筑市场，急需一种全新的工程管理服务模式，能够统一协调，全局考虑，在缩短工期、降低风险、节约投资、提高品质方面发挥项目全生命周期咨询服务作用。

（三）政策导向

2017年2月21日，国务院办公厅印发《关于促进建筑业持续健康发展的意见》（国办发〔2017〕19号），从国务院层面首次针对建筑业发展方向的发文，明确提出发展全过程工程咨询，鼓

励非政府投资工程和民用建筑项目积极尝试全过程工程咨询服务。2019 年 3 月 15 日，国家发展改革委、住房城乡建设部联合颁布《关于推进全过程工程咨询服务发展的指导意见》（发改投资规〔2019〕515 号），研究建立投资决策综合性咨询和工程建设全过程咨询服务技术标准体系，促进全过程工程咨询服务科学化、标准化和规范化，大力推进全过程工程咨询快速发展。

为响应国家政策，陕西省住房和城乡建设厅先后出台了《关于开展全过程工程咨询试点的通知》（陕建发〔2018〕388 号）、关于印发《陕西省全过程工程咨询服务导则（试行）》《陕西省全过程工程咨询服务合同示范文本（试行）》的通知（陕建发〔2019〕1007 号），通过政策保障助力全过程工程咨询在陕西落地开花。

二、开展全过程工程咨询存在的难点

（一）全过程工程咨询社会认可度不高

全过程工程咨询这种模式，社会认可度仍不高，建设单位无合作的热情，市场需求量严重不足。

1. 对于企业投资的建设项目。全过程工程咨询处于初步发展阶段，咨询单位项目管理的经验不足，暂时无法全面、有效地履行业主委托的全过程工程咨询管理职责，加上业主无法完全信任外部咨询单位的原因。业主大多会选择成立自己的工程管理机构，然后按传统模式进行管理。

2. 对于中央预算内的政府投资项目。《中央预算内直接投资项目管理办法》（发改委令第 7 号）第二十三条明确规定：对于项目单位缺乏相关专业技术人员和建设管理经验的直接投资项目，项目审批部门应当在批复可行性研究报告时要求实行代理建设制度（代建制），通过招标等方式选择具备工程项目管理资质的工程咨询机构，作为项目管理单位负责组织项目的建设实施。不难看出，对中央预算内直接投资而言，代建制的管理规定是明确的。同时，代建机构长期从事财政投资项目建设管理，而且是事业编制，属于半政府机构，在工程管理过程中可以用到一些行政手段，这是社会咨询单位难以企及的优势。

3. 多数领导不熟悉政策顾虑重重。近几年国务院、各部委陆续出台了不少的关于全过程工程咨询服务方面的政策和条文，但没有统一的法律文件，加上政府关于"全过程工程咨询服务"政策宣传力度不足，致使政府、国有企业同第三方咨询企业合作顾虑重重。

（二）监理企业综合实力不足

1. 专业服务模块缺失

随着发展改革委、住房城乡建设部以及各省市住房城乡建设部门陆续出台各类政策，一些具备条件的监理企业已对该领域进行了布局，以"监理+"为代表的"监理+项目管理""监理+造价咨询""监理+招标代理"等模式对该领域进行了开拓。这些模式都是以监理服务为引领，业务链上下延伸而形成的，但绝大多数监理企业不具备专业的勘察规划、工程设计、后期运维的管理能力，核心服务缺失，导致其项目咨询质量偏低。

2. 组织架构无法适应全过程工程咨询的开展

监理企业业务管理组织采用直线制和分权制架构模式的占大多数，这种模式适应于单纯的监理业务。但随着业务的增多、公司规模的扩大，招标代理、造价咨询、项目管理等多个专业化部门应运而生，这时还沿用原有的管理组织架构开展全过程工程咨询，就会带来内部资源整合效率低、部门之间协调沟通不畅、多头管理等问题，也就难以正常开展咨询工作。

（三）缺乏复合型管理人才

监理工程师是监理从业者中专业水平高、责任意识强的执业人员，是监理企业参与全过程工程咨询项目的主要参与者。由于监理行业 30 多年的不充分发展，监理工程师的项目管理存在通用化、缺乏工作主动性、知识体系不完备、管理服务意识不到位等弊端，使得大多数监理企业难以参与或承接全过程工程咨询项目。监理工程师综合性业务能力的高低是监理企业业务升级转型的关键。

三、推行全过程工程咨询的对策

（一）抓住机遇，积极转型

监理企业要向多元化拓展。监理企业对项目实施监理的基本内容包括进度控制、质量控制、投资控制、安全管理、合同管理、信息管理及现场协调，这是项目实施中的重要管理内容，且监理企业在项目实施过程中，项目现场配备的项目管理班子专业齐全，具有现场管理经验，因此，对项目进行深入的全过程工程咨询有很好的工作基础。只要扩充上下游专业熟悉的人员，全过程工程咨询管理团队就可以搭建起来。

目前，从监理企业的角度而言，全过程项目管理（含工程监理、造价咨询、招标代理）这种模式比较受欢迎。造价咨询和工程监理与项目管理部分业务重叠，如果可以采用全过程管理模式，管理效率更高，管理成效更好，为业主提供增值的"一站式服务"。

监理企业开展全过程工程咨询最重要的是扩充招标代理、造价咨询、设计咨询、前期咨询方面的专业人才。人才可以通过以下两种模式储备：一是通过在项目管理的实践中把监理、造价、招标代理做精、做强，培养储备人才；二是通过企业重组、并购，组成联合体的方式向上游的投资决策、设计管理、前期咨询等扩展业务，拓宽业务范围，提升综合咨询水平，发挥好杰出人才和有实践经验人员的作用，提高监理企业对项目、对业主的责任担当。

（二）优化调整企业组织架构

构建适应于全过程工程咨询的新型业务管理组织架构，可采用"强职能、大部门、重梯队"的建设思路。"强职能"，是指强化每一咨询阶段的工作目标、任务和成果评价，重在完成每一项工作内容；"大部门"，是指打破部门壁垒，整合内部资源，成立具有全公司统一领导的全过程工程咨询业务部门，其目的在于让合适的人做合适的事，提供最优质的咨询服务；"重梯队"，是指人才建设，不仅要关注员工的业务能力，还应观察其人品、领导才能、时间管理和自控能力，培养适应全过程工程咨询的管理型和技术型人才。

（三）增强服务意识

为提升服务水平，可以在企业内部设置服务回访机制。回访内容包括咨询意见有效性、服务及时性、客户意见和建议。企业需设定可量化的评分标准，由业主评价打分。回访意见回收后，经过信息筛选、分类、整理后，找出服务水平有待提升的问题点。在确定主要问题点的基础上，业务部门、管理部门共同分析原因，找出对策，提升改进，再评价，直到主要问题解决或者不满意指标下降至可接受范围，为服务可持续提升注入动力。同时，从回访意见中，可建立服务评价指标模型，核算出服务总评分，总评分可作为业务部门考评指标，量化服务水平。

（四）规范企业标准

企业标准的制定和实施是企业强化管理、提高管理效率的基础和手段，对促进企业提升管理水平、提高服务质量、增强企业竞争力具有极其重要的作用。正确地实施企业标准化管理体系，能更好地提供质量可靠、满意的服务，进而提升品牌的美誉度和知名度，提升企业对品牌的认同感。

华春公司主导编制的《工程建设项目招标代理工作标准》，参编的《全过程工程咨询规程》《陕西省全过程工程咨询服务导则》都已颁布施行，受到协会表彰，既争得了荣誉又提高了企业知名度。

（五）重视全过程工程咨询人才的培养

骨干监理工程师业务领域的扩展与能力提升是监理企业升级转型的关键。监理企业在鼓励监理工程师扩大自身的业务领域的同时，还应建立一套适合本企业升级转型的人才评价标准。

监理企业可预先规划好监理工程师的业务扩展路径，然后通过政策激励机制鼓励员工按路径发挥主观能动性，实现自我提升；同时辅之以公司的经济刺激，帮助他们提升业务能力，以满足全过程工程咨询的要求。

监理企业在规划好拓展路径的基础上，需建立一套适合本企业全过程工程咨询的人才能力评价标准，明确不同层级岗位对能力的要求，促进员工在自我提升过程中树立奋斗目标。监理企业可将该评价标准作为遴选全过程工程咨询工程师的条件，使选出的人员更符合全过程工程咨询对综合型管理人才的要求。

（六）重视信息管理平台建设

建议监理企业在服务能力构建方面，多思考一些与数字化手段的结合。目前，采用联合体服务方式的人员多来自不同企业，有着不同的企业文化背景、管理方式、技术标准、工作手段。这些人员很难真正做到团队和人员的融合，必然存在一定的过渡期。过渡期的长短将会对项目造成不同程度的影响，甚至可能出现项目完成了还没实现完全融合的现象。当前最有效的办法就是利用数字化手段，把各方整合起来，在一个平台、一个体系、一套标准下进行工作，减少沟通成本，真正实现管理的数据化、直观化和可计算化，有效提高项目管理效率和效益。

结语

相信在政府和行业协会的大力推行和扶持下，监理企业可以准确把握发展时机，以务实创新的思路大胆转型。相信以监理为中坚力量的全过程工程咨询单位必然会如雨后春笋般蓬勃发展，为我国的工程建设事业做出应有的贡献。

浅谈全过程工程咨询的概念、优势以及
在实践工作中的心得体会

胡洪嘉

首盛建设集团有限公司

摘　要：全过程工程咨询的概念早在2003年提出，2017年开始，政府部门开始出台各类文件，敦促各地方政府将全过程工程咨询早日落地，引导市场早日完成培育。本文从全过程工程咨询的概念、实施阶段、优势，以及首盛建设集团有限公司开展全过程工程咨询相关情况进行阐述，以实例分享为入口，介绍了目前首盛建设集团有限公司在开展全过程工程咨询工作方面的痛点、堵点以及建议策略，以供分享。

关键词：全过程工程咨询；造价；人才储备

一、何谓"全过程工程咨询"

全过程工程咨询是指从事工程咨询服务的企业受建设单位委托，在授权范围内对工程建设全生命周期提供专业化咨询和服务的活动。全过程工程咨询涉及建设工程全生命周期内的策划咨询、前期可研、工程设计、招标代理、造价咨询、工程监理、施工前期准备、施工过程管理、竣工验收及运营保修等各个阶段的管理和服务。

全过程工程咨询不是工程建设各环节、各阶段咨询工作的简单罗列，而是把各个阶段的咨询服务看作是一个有机整体。在决策指导设计、设计指导交易、交易指导施工、施工指导竣工的同时，使后一阶段的信息在前期集成、前一阶段的工作指导后一阶段的工作，从而优化咨询成果。采用全过程工程咨询模式有利于工程咨询企业较早介入工程，更早熟悉建设图纸和设计理念，明确投资控制要点，预测风险，并制定合理有效的防范性对策，以避免或减少索赔事件的发生。这也是全过程工程咨询业务的内涵，即让内行做管理，实现提高效率、精细管理的目标。

全过程工程咨询服务分为项目决策咨询服务、项目设计咨询服务、项目招标投标咨询服务、项目施工咨询服务、项目竣工验收、运营保修咨询服务6个阶段，各个阶段的咨询服务工作的内容和重点不同。

二、全过程咨询的优势

（一）节约投资成本

全过程咨询是采用承包商单次招标的方式（即只招一次标就能确定设计、造价、监理），使得其合同成本远低于传统模式下设计、造价、监理等参建单位多次平行发包的合同成本。此外，咨询服务覆盖工程建设全过程，这种高度整合各阶段的服务内容将更有利于实现全过程投资控制，通过限额设计、优化设计和精细化管理等措施提高投资收益，确保项目投资目标的实现。

造价咨询由于参与项目的各个阶段，可以发挥造价咨询的整体优势。重视过程中的造价控制，实现真正意义上工程投资的合理控制，为委托方提供一系列投资控制方案，从根本上为委托方控制好工程造价。它是一个动态的管理过程，可以全程掌控所有信息。解决了以前传统模式中，因项目决策、设计、招标、施工和竣工各阶段存在的信息不对称，造价管理人员对于其他阶段的结果不甚了解等问题，且有助于缩短投资项目决算审核的工作周期。

（二）有效缩短工期

一方面，可大幅减少业主日常管理工作和人力资源投入，确保信息的准确传达、优化管理界面；另一方面，不再需要传统模式繁多的招标次数和期限，可有效优化项目组织和简化合同关系，有效解决了设计、造价、招标、监理等相关单位责任分离等矛盾，有利于加快工程进度，缩短工期。

（三）提高服务质量

弥补了单一服务模式下可能出现的管理疏漏和缺陷，各专业工程实现无缝链接，从而提高服务质量和项目品质。此外，还有利于激发承包商的主动性、积极性和创造性，促进新技术、新工艺和新方法的应用。

如果采用平行发包方式确定设计、造价、监理等参建单位，业主方将管理更多的单位，务必会从时间上、效率上、精力上、管理成本上造成不可控制的风险因素和额外的风险。

（四）有效规避风险

咨询企业作为项目的主要负责方，将发挥全过程管理优势，通过强化管控，减少生产安全事故，从而有效降低建设单位主体责任风险；同时也可避免因众多管理关系滋生的腐败风险，有利于规范建筑市场秩序。

（五）提高企业管理水平

开展全过程工程咨询服务，必须要有完备的管理手段，也自然需要引入新技术来促进工程创新。通过大力开发BIM、大数据和虚拟现实技术，可提高设计和施工的效率与精细化水平管理，提升工程设施安全性、耐久性、可建造

性和维护便利性，降低全生命周期运营维护成本，增强投资效益。

三、公司全过程工程咨询开展情况

公司经过近20年的发展，已成为一家多领域的综合性工程咨询企业，是四川省全过程工程咨询试点企业。公司具有工程监理综合资质、工程造价咨询甲级、工程项目管理一等资质。截至目前已完成和正在实施的全过程咨询项目15项，建安投资总计约80亿元，全过程工程咨询取费为8000万元。

四、实例分享

现就"广元市三江新区基础设施建设全过程咨询项目"在实施过程中的感想和心得体会与大家进行分享。

公司中标后立即组建了由老、中、青结合，且工作经验丰富的项目管理团队，既有专业分工，又有统一协调管理。公司于2019年4月正式全面展开该项目全过程咨询服务的相关工作，并制定了各阶段咨询服务相应的管理制度，确定工程施工阶段咨询服务的管理目标和流程。

因本项目是EPC+F模式，在公司进场前设计单位已经完成了大量的勘察、设计工作，以及其他工作。公司管理团队进场后，首先安排相关设计人员与建设单位对接并落实项目的图纸设计审核与优化，积极向建设单位提出有效可行的优化方案，在已有的设计图纸上进行深化和优化设计，为项目投资控制目标打下了良好的基础，从源头上进行投资控制。

在施工过程中，公司依据工程建设程序对工程质量、安全生产、造价控制、

进度控制进行了有效的管控，对勘察、设计现场配合进行了有效的协调，对工程变更、索赔及合同争议进行了妥当的处理，公司同时担任技术咨询，对工程文件资料管理，安全文明施工与环境保护管理等均按照相关法律法规进行严格监督管理。

（一）监理工作内容

1. 施工准备阶段

按规范要求，编制监理规划和监理实施细则，明确监理的各项工作范围、内容、工作程序和制度措施，以及人员配备计划和职责等。

审查施工单位编制的施工组织设计和各种施工专项方案以及企业资质和人员资质情况。

检查施工单位在工程项目上的安全生产规章制度和安全监管机构的建立、健全及专职安全生产管理人员配备情况，督促施工单位检查各分包单位的安全生产规章制度的建立情况。

2. 工程进度控制方面

按照工程施工合同确定的总工期制定进度控制目标。审核总进度计划，年、季、月工程进度计划。同时对各阶段的目标进行分解，遵循合理的施工顺序，保证工程进度实施的连续性和均衡性。

对计划进度与实际进度进行比较，出现偏差时提出相应的纠偏措施，并组织编制审核调整后的施工进度计划。

3. 工程质量控制方面

按照工程施工合同确定的质量要求，制定项目的总体质量目标，并将其分解为各单项工程、单位工程、分部工程、分项工程的质量目标，并细化落实到具体责任人。

设置质量管理组织机构，明确质量职责，建立项目质量保证体系。

监督施工单位按照施工组织设计中的安全技术措施和专项施工方案组织施工，及时制止违规施工作业。

采用巡视、旁站、抽样等方法进行事前、事中和事后质量控制。

各项工作任务完成后及时编制和完善相应的质量保证文件。

施工过程质量验收不合格时，督促相关责任人按相关规定和要求进行整改。

确保质量验收程序规范，参与主体明确。

（二）造价控制方面

工程项目的造价控制是公司全过程服务咨询工作的重点之一，公司依据项目施工合同及其他相关文件，在满足工程质量和进度要求的前提下，保障工程实际造价不超过预定造价目标。为此努力做到以下几点：

1.根据施工合同约定及项目实施计划编制项目资金使用计划，并根据项目实施情况适时进行调整。

2.进行工程造价的动态管理，组织编制和审核工程造价动态管理报告。

3.审核承包人提出的工程计量报告和合同价款支付申请，编制支付工程款的相关文件。

4.承担人工、材料、设备、机械及专业工程等的市场价格咨询工作，并出具相应的价格咨询报告或审核意见。

5.处理工程变更、工程索赔和工程签证的相关事项。

6.组织审核工程合同期中结算。

（三）安全文明施工与绿色施工

安全文明施工与绿色施工是全国都在强调的重中之重，公司作为全过程咨询单位，根据工程项目的具体情况，组织制定项目的安全文明施工与绿色施工目标，并督促落实。做到安全文明施工

咨询服务应尽的职责：

1.科学确定创优目标，推进建筑施工安全监管信息系统建设。

2.督促施工单位建立健全施工安全生产管理体系和安全生产责任制度。

3.进行安全文明施工的考核和奖惩，督促施工单位持续改进项目的安全文明施工措施。

4.制定绿色施工目标和关键指标。

5.组织进行绿色施工总体策划，推进绿色施工新技术、新材料、新工艺、新设备的应用。

6.督促和检查施工单位编制涵盖绿色施工及环境保护、职业健康与安全等内容的绿色施工专项方案。

7.开展绿色施工实施效果考核、评价，督促施工单位持续改进绿色施工措施。

8.建立健全教育培训制度，确保施工人员进场之前教育培训全覆盖。

9.充分保证安全文明施工与绿色施工的资源配置与投入，确保安全文明施工与绿色施工的落实。

10.对施工现场进行定期和不定期巡检，加大对现场施工人员安全文明施工与绿色施工执行力度的监督。

11.定期巡视检查施工过程中的危险性较大工程作业情况和进行安全专项检查。

五、目前承接全过程工程咨询的痛点和堵点

（一）建设单位及工程总承包单位对采用全过程工程咨询项目的准备及认识不足，全过程咨询整体管理难度大

1.建设单位把全过程工程咨询看成是传统的投资咨询、招标代理、勘察、

设计、监理、造价、项目管理各专业板块的叠加，在工程的实施过程中，使全过程咨询单位不能形成有机的整体。

2.没有实质性地放权给全过程咨询单位，使全过程咨询单位在项目实施过程中未能发挥突出作用。

3.目前工程总承包单位采用的形式是EPC+F，工程总承包方亦是投资方，对工程咨询方的支持不够，加大了工程咨询方的协调管理难度。

（二）全过程工程咨询从业人员的转型和素质情况

全过程工程咨询工作，是一项对专业技术和项目管理具有双高要求的行业。目前开展的全过程咨询工作大都是原来监理、造价方面出身的项目管理从业人员，整体素质还有待提高，需要切实改变咨询行业的劳动报酬分配方式，以在该行业内留住人才，从而全面提高全过程工程咨询从业人员素质。

（三）迫切需要制定全过程工程咨询相关规范

公司参与的全过程工程咨询项目，大多数均整合了除建设单位和施工单位以外的其他责任主体单位。在各个环节的规范用表等方面，基本上采用传统的方式，不利于行业发展，迫切需要制定、更新全过程工程咨询相关规范、用表等。

六、全过程工程咨询业发展政策建议

（一）统一认识，建立全过程工程咨询服务技术标准体系

2020年4月23日，国家发展和改革委员会与住房和城乡建设部发布的《房屋建筑和市政基础设施建设项目全过程工程咨询服务技术标准》征求意见稿，

建立了全过程工程咨询服务技术标准，需要政府相关部门、行业协会完善并尽快形成正式的意见。出台指导性的收费标准，制定统一规范的用表格式。

（二）加大开展项目全过程咨询的宣传

各级政府、行业协会利用自身优势，通过不同的渠道进行关于开展全过程咨询优势和配套相关政策的宣传，使建设方、投资方从传统的工程咨询模式中彻底转变到全过程咨询中来，并对全过程咨询单位彻底放权，使开展全过程咨询的初衷落地，发挥全过程咨询机构的作用。

（三）培养人才，为全过程工程咨询提供支撑

全过程工程咨询是智力密集型业务，是管理与技术深度融合的业务，建议由政府机构、行业协会利用定期组织全过程咨询专项知识培训、成熟项目的经验分享等方式，不断提高全过程咨询从业人员，特别是骨干人员的整体能力。

七、公司目前为适应市场采取的措施

（一）加大人才储备

市场培育成熟后，原传统工程咨询市场必将被新型全过程工程咨询企业大量占据，传统工程咨询企业如想生存也将被迫转型。根据现有政策，具有执业资格证书的建筑类人才方可担任总咨询师和各专业咨询师，届时，人才争夺战将异常激烈。

因此，未雨绸缪，转变意识，早日储备相关具有执业资格证书的建筑类人才，方能在未来的激烈竞争中立于不败之地，公司加大了人才的储备工作。

（二）注重品牌影响力

未来必将出现一批新的"咨询品牌"，在"品牌效应"下，人才、资源都将向品牌企业靠拢。因此，需早日树立"品牌意识"，以业绩塑造品牌，以口碑树品牌，以品牌赢得市场。

（三）加强企业员工特别是中高层、工程技术人员的培训

公司多次组织公司中高层领导参加关于全过程咨询业务的知识培训，使管理层能够较好地掌握国家的一些政策导向及全过程咨询方面的业务知识，同时组织工程技术人员参加相关业务板块的学习，使工程技术人员能够熟练掌握相关的业务。

政府购买第三方服务在工程质量安全巡查中的尝试

苟亚兵　崔闪闪

郑州大学建设科技集团有限公司

摘　要： 受郑州市郑东新区管理委员会建设环保局（以下简称"郑东新区建设环保局"）委托，依据相关通知要求，对郑东新区部分区域共77个在建工程项目开展了政府购买建设工程第三方质量安全巡查服务，报告了项目建设工程实体质量及安全管理现状，系统而全面地指出了项目存在的各类问题，并根据评级标准及咨询服务结果给出相关问题解决建议，为今后政府单位开展类似工程项目做到主动控制、心中有数，打造精品工程提供借鉴，同时为未来监理企业开展政府购买的监理巡查服务，发挥专业价值和优势指明了方向。

关键词： 第三方服务；工程质量；安全巡查

一、实施背景

郑东新区作为郑州市的城市新区，是21世纪初河南省为拉大省会郑州城市框架、增强辐射带动能力推进的标志性工程，其重要性不言而喻。自2001年规划建设以来，郑东新区历任领导秉承"一任接着一任干、一张蓝图绘到底"的愚公移山精神，由一张蓝图变成了一座集聚繁华与现代的新城。

郑东新区整体规划和建设具有大型化、群体化、复杂化等工程特点，特别是基础设施建设更具有难度和挑战性，为了实现郑东新区"高起点规划、高质量建设、高水平管理"的初衷，郑东新区建设环保局每年对其所辖区域在建工程开展四个季度的阶段性检查评比活动。

随着郑东新区建设区域的逐步扩大及工程在建项目数量的不断增加，仅凭郑东新区建设环保局的现有人力、精力、专业技术能力已不能满足对郑东新区所有在建项目全覆盖、高质量、及时性检查的要求。

基于此，郑东新区建设环保局委托公司在郑东新区所有在建工程项目中开展第三方质量安全巡查服务，切实提高城镇基础设施质量安全生产监管水平。

二、巡查范围

本次由郑东新区建设环保局购买的第三方工程质量安全巡查服务，是由公司按照政府购买的相关要求制定具体实施方案，对区域在建工程项目进行过程巡查服务。

巡查范围主要涉及郑州市郑东新区龙湖区、交通枢纽（东广场）区、白沙园区共77个工程项目，其中龙湖区工程项目47个、交通枢纽（东广场）区工程项目10个、白沙园区工程项目20个。在建城镇基础设施工程，主要包括道路、桥梁、雨污水管网等城镇基础设施项目。

巡查主体涉及勘察单位、设计单位、建设单位、施工单位、监理单位、质监单位、安监单位，其中主要以对施工单位和监理单位的巡查为主。

三、巡查机构设置及职责分工

为了更好地完成巡查服务，公司领导根据政府购买的要求及具体工作标准，牵头组织企业骨干及相关专家团队成立了项目巡查机构。

（一）巡查机构设置

巡查机构由专家团队和工作小组组成，以固定专家团队为核心和主体，并针对具体建设工程特点，面向社会聘请相关专家及专业技术人员，共同形成专家库。其中专家库共由三部分人员组成：郑州大学专家顾问团队、外聘专家团队及公司高层人员组成的专家团队；工作小组则是由公司现场管理经验丰富的员工组成。巡查机构设置如图1所示。

（二）职责分工

专家团队主要用来借助专家智慧，发挥专家优势，指出项目巡查过程中的质量安全问题，保证第三方巡查服务的质量。

工作小组配备有巡查服务所需的相关专业人员，主要用来配合专家团队对项目巡查过程中存在的问题进行资料汇总、报告撰写、PPT制作、照片资料采集、信息传递等。

综合办公组负责各工作组的资料整理、汇总编制各类用表及报告文件、后勤保障及其他工作，并对存在的问题进行跟踪处理，协助专家团队处理相关应急事件。

四、巡查方法、内容及特点

巡查活动主要依据相关规范、标准及政府文件等，对所有合同范围的在建项目质量安全进行详细巡查和突击巡查。

（一）巡查方法

采取普检抽查的方式，对存在的问题进行现场查勘、项目质询、资料查证以及笔录、拍照或摄像取证等，整理相关文字记录并由项目相关负责人签字认证。

（二）巡查内容

主要以施工单位和监理单位为主。

施工单位的巡查内容包括施工安全、工程质量、项目管理、文明施工等方面；监理单位的巡查内容包括监理人员资格及到位情况、现场组织机构制度建立、驻地办公机具和检测设备配置、监理行为、资料完善情况等方面。

（三）巡查特点

主要具备以下特点：

1. 巡查及时

巡查团队人力充分、专业水平较高，能够在最短的时间内同期同时巡查服务范围内较多数量的在建项目，巡查范围覆盖整个郑东新区全部在建项目。

2. 巡查过程随机

相比于以往郑东新区建设环保局每年每个季度的阶段性定时检查，本次检查不提前通知检查项目，直接前往在建工程项目检查工程质量安全，避免了施工单位、监理单位的弄虚作假。

3. 反映问题真实

由于检查过程的随机性，能够真实反映每一个在建项目的实际施工和管理情况，真正发现项目存在的实际问题。

4. 专家巡查力度大

每个在建项目的检查均由专家组带队，工作组记录，借助专家的技术力量，发挥专业优势，检查更具针对性和有效性，同时能够提升检查的影响力和渗透力，强化检查的公信力和执行力。

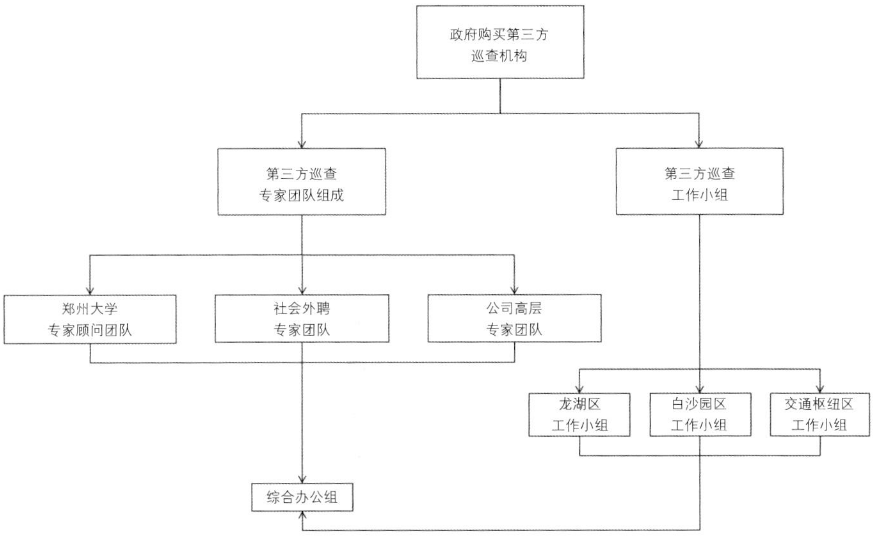

五、巡查服务实施步骤

签订合同后，公司分步骤实施巡查服务。

（一）制定工作制度

制定了周报、月报、季报、年报制度，巡视制度，工作总结制度，资料标准化制度等一系列相关制度。

图1 第三方项目巡查机构

（二）制作检查用表

结合所辖项目实际，将巡查内容及检查标准分类整理，制定了一系列检查用表、作业文件及记录表单，形成一套完整的检查表单，大大提高工作效率。

（三）划分评级标准

依据相关管理办法和技术标准，对施工项目部和监理项目部均采用四级（A、B、C、D）分类标准，如表1所示。

（四）项目巡查等级评定

本次巡查的77个工程项目中，施工形象进度小于10%的项目6个，不具备施工条件的项目3个；由于覆土问题，不提供现场检查条件的项目1个。专家组商定该10个项目不具备检查条件，不参与评级，上报郑东新区建设环保局另行处理。

除去不具备检查条件的10个项目，共计67个参与等级评定的工程项目。由于各工地均存在不同程度的安全隐患，导致在本次评级中A级施工项目部和监理部空缺，项目等级评定具体情况如表2所示。

（五）巡查小结会议

每一个项目巡查完毕后，由第三方巡查机构组织项目参建单位召开当天巡查结果的通报会议，并对相关复杂问题给予解决方案的可行性建议，及时帮助受检对象发现问题、解决问题，有效消除重大质量、安全隐患。

（六）通报全部评比结果

在合同范围内的所有参建项目巡查结束后，第三方巡查机构对所有在建工程项目的检查结果进行评比，并在由郑东新区建设环保局组织所有参建单位及质监、安监单位召开的工程在建项目质量安全巡查服务结果通报会上公开通报，通过学习评优项目的亮点，指出评差项目的问题和解决方案，促进工程建设各方主体增强质量安全意识。

六、存在问题及经验总结

在参与级别评定的项目中，总体而言，工程质量处于可控状态，项目管理基本到位，大部分项目部在工程质量、项目管理、文明施工方面展现了许多工程亮点，但也存在较为突出的安全生产及文明施工不到位的现象，甚至个别项目的安全隐患情况或项目管理问题较为严重，存在重大隐患。

（一）存在问题

检查结果所表现出来的问题，如表3所示。

（二）经验总结

此次第三方巡查服务，暴露出两点问题。

1. 郑东新区建设环保局与同区域内的质监、安监部门属于建设行政主管部门及其相关部门，对于在建项目的管理权限及职责存在交叉监管关系，作为行使政府相关职能的质监、安监部门，在此次第三方巡查服务中作为其中被巡查的对象，在巡查过程中难免会有项目监管不到位或监管漏洞的情况，容易造成质监、安监部门的抵触情绪。

今后再开展类似的第三方巡查服务一定要提前做好与住建局及质监、安监部门的沟通协调工作，寻找一种合理的方案及最佳平衡点。

2. 由于郑东新区的特殊性，郑东新区基础设施建设的建设单位分别是相应几大片区的政府投资平台公司，在此次第

施工项目部和监理项目部评级标准分类表　表1

等级	内容
施工项目部和监理项目部评级标准分类表	
A	无重大安全隐患，工程质量较好，现场管理到位，文明施工情况良好
B	存在安全隐患，工程质量中等，现场管理基本可控，文明施工情况一般
C	存在较大安全隐患，工程质量一般，现场管理较差，文明施工不到位
D	存在严重安全隐患，存在严重工程质量问题，现场管理混乱，文明施工缺失

注：1.当安全、质量、现场管理、文明施工四项中，任一项符合低一级标准情况时，整体评级按低一级标准评级。

2.监理部评级标准参照施工项目部评级方法，且原则上不高于施工项目部的评级。

3.当各检查项均存在严重问题或某一项存在特别严重问题时，建议该施工项目部或监理部列入黑名单或者进行停工整顿，并上报郑东新区建设环保局。

项目等级评定统计表　表2

施工项目部		监理项目部	
施工项目部和监理项目部等级评定统表			
等级评定	数量/个	等级评定	数量/个
A	0	A	0
B	32	B	28
C	18	C	18
D	13	D	17
建议列入黑名单或进行停工整顿	4	建议列入黑名单或进行停工整顿	4
总计	67	总计	67

检查结果涉及单位及相关问题描述表　　　　　表3

检查结果涉及单位及相关问题	
涉及单位	问题描述
勘察单位	存在地勘不到位现象，如存在大体量垃圾土未被勘出，造成工程项目停工及延误损失
设计单位	因存在可能影响交通安全与畅通性的问题，出现了有待商榷的设计；存在变更设计不及时现象
建设单位	部分标段划分不合理，存在标段交叉、不连续施工问题；部分工程项目在进场条件不充分的情况下即开始施工，未协调好与附近村民之间的关系，导致干扰施工等负面影响；部分工程项目的施工建设手续未办理完善；大部分工程项目未见地勘报告；对施工、监理的不规范行为缺乏有效监督
监理单位	监理人员不到岗现象普遍；监理人员配备人数普遍不符合项目要求；监理人员代签字现象普遍；安全监理不到位；监理日记、旁站记录和监理通知单不同步现象普遍；对监理通知单的整改落实情况未进行跟踪
施工单位	主要表现在安全防护、文明施工、工程质量及项目管理等方面，问题较多，在此不一一列举

三方巡查服务中，除了质监、安监部门在受检范围内，几大政府投资平台公司同样在受检范围内，在此次巡查过程中暴露出诸多管理问题，作为特殊性质的建设单位，其抵触情绪及尴尬境地显而易见。

目前第三方巡查服务仍在起步阶段，不宜囊括太多的巡查主体，当前发展阶段，首先应以施工单位和监理单位作为主要的巡查对象。

七、服务成效及建议

通过整体服务结果来看，不同项目存在不同程度的技术或管理问题，及时调整更有利于加强政府投资项目的总体统筹和管控。

（一）服务成效

自开展第三方巡查服务以来，共制定项目巡查工作制度10余个，制定检查表单21类；组织相关培训10余次，各检查组之间经验交流10次；检查项目400余次，发现质量、安全隐患100余个；向郑东新区建设环保局提供各种报告共100余份。

在整个服务周期内，通过这种高频次、全覆盖的检查方式，凭借所掌握的专业技术和所具备解决各类问题的能力，公司从思想意识和专业技术方面对施工现场的安全、质量、进度以及项目管理等方面起到了督促和指导作用。从巡查结果及各方反馈来看，郑东新区建设环保局对公司的第三方巡查服务工作高度认可。

（二）建议

1. 建议建设单位合理划分标段，避免标段之间作业相互干扰，以确保工程质量和安全。

2. 建议施工单位加强安全、工程质量、项目管理、文明施工等方面问题的管理。

3. 建议监理单位加强监理人员到位及资格情况、监理行为、资料完善情况和检测设备配置等方面问题的管理。

4. 建议规范质监和安监单位监督文书的填写、签字和盖章手续。

5. 建议勘察单位严格按照勘察合同要求，认真履行自身职责，发现问题及时采取补救措施，避免因地勘问题影响工程项目施工。

6. 建议将设计单位、检测与监控单位、商品混凝土等主要分包方纳入第三方检查工作的范围。

7. 建议规范政府工程第三方检查工作，及时制定相关行业规程或标准。

结语

政府购买第三方巡查服务既顺应政府导向，又满足市场需求，专业化和多元化的服务形式为服务购买方提供了优质高效的服务，对项目建设管控起到了举足轻重的作用。监理企业开展政府购买第三方巡查服务实践，既能看到监理在工程建设中的作用和地位，又能看到监理在工程建设过程中的短板和不足，从而进一步细化监理工作，提升监理工作品质。第三方巡查业务的开展，使得监理企业在转型升级的道路上做了很好的尝试，为监理企业找准发展方向提供了更多的决策依据。

政府购买监理巡查服务开展中的问题与解决思路

邱 佳

西安高新建设监理有限责任公司

一、工程建设市场监管现状与实际需求

当前，施工单位依然是影响质量安全事故发生的重要主体，一旦发生了质量安全事故，通常都会造成较大的人员伤亡和经济损失，建设监管形势十分严峻，工程建设项目管理体制和监管不足逐渐凸显，主要体现在行政管理监管资源紧缺及应急式的安全管理机制上。首先，政府主管部门不但监管建设市场各方主体，还通过质量安全监督站对建设阶段的现场安全、实体质量等实施直接监管，随着城市建设规模的日渐扩大，有限的行政监管资源应对全面的监管略显乏力。其次，当前政府对建筑工程的管理主要体现在对城市重大危险源的管理上，监管力度和监管范围压力巨大，在很多情况下，往往在建筑物出现了质量安全事故后，组织突击排查质量安全隐患，应急式的管理体制对预防建筑风险作用发挥不明显。

因此，为充分发挥市场机制，发挥市场配置资源的决定性作用，加快"放管服"步伐，2017 年 2 月，国务院发布的《关于促进建筑业持续健康发展的意见》(国办发〔2017〕19 号)，这是我国建设工程监督管理机制的一项重要举措。近年来，该项政策得到了一定程度的落地实施。但同时，采购主体的购买意识与主观意愿、巡查服务的工作定位与权责、承担巡查的监理企业及人员的能力需求、巡查服务的费用计取与工作评价等问题，依然不断制约该项政策的真正落地。2020 年住房和城乡建设部发布了《关于开展政府购买监理巡查服务试点的通知》(建办市函〔2020〕443 号)，明确在 2020 年 10 月开始，开展为期两年的试点工作，在江苏、浙江、广东等地，以政府主导推动试点的形式，为政府购买监理巡查服务的核心问题提供经验参考。

二、政府购买监理巡查服务的实施现状及存在问题

试点文件发布近一年多来，政府购买监理巡查服务一定程度上得到了快速发展，积累了部分经验，各地监理企业针对不同的采购主体巡查需求，也在制定相关的实施方案，西安高新建设监理有限责任公司自 2017 年至今，参与了多个不同规模的巡查服务项目，总结经验来看，无论从采购方还是服务提供方，依然存在较多的现实问题亟须解决。

（一）可参考借鉴经验较少，购买主体的推行力度有限

首先，笔者所在地区尚不属于文件试点地区，从政策层面，本地尚未出台具体指导意见，导致采购主体的热情不高。其次，目前建设行政主管部门的监管职责在监管细节中存在模糊或交叉联合等问题，主观上，各地建设行政主管部门落实购买第三方巡查服务的积极性并不高，政策推行阻力重重。再者，试点文件虽然给出了"薪酬＋奖励"的费用计取方式，但在具体操作层面，随着巡查范围、对象及巡查工作介入的深入程度不同，巡查服务取费依然是制约政策落地的一大门槛。

（二）监理巡查服务的管理方式和评价机制不健全，难以科学评价巡查成效

针对监理巡查服务的管理和工作内容，由于采购主体不同，监理巡查服务的对象不同，巡查工作内容也不同，造成了派驻服务的巡查机构工作标准不统一，多采取与采购主体进行约定的形式开展。采购主体对于巡查服务机构的管理随机性较强，采购主体、巡查服务提供方对于监管和执行机构的工作规范性、深入度及工作成效等难以进行客观评价，制约着政府采购监理巡查服务案例的可复制性。

（三）实施方角色定位不清，未能掌握监理巡查的核心任务

作为政府购买监理巡查服务业务的实施方，工程监理单位需派驻有丰富监理经验的总监理工程师和专业监理工程

师，以保证巡查服务工作的专业成效。监理人员在巡查过程中，随着巡查任务的实施往往会带入监理角色，工作面面俱到，深入细致，从巡查效果看，虽进行了巡查，但针对巡查的核心任务，易出现遗漏、缺项等问题，工作思路、方式方法需要调整。

（四）人员专业素质有待提高，难以提供高品质的巡查服务

我国 2020 年工程监理企业突破6512 家，监理从业人员数量达到 76 万人，平均每家监理企业仅百余人，500人以上规模的监理企业依然是少数，其中，高素质人才及专业型人才不论是数量还是质量都明显不足。作为政府购买监理巡查服务的供应方，采购主体往往需要工程监理企业派出具有高级专业工程监理人及专家，来为他们提供系统性、专业化的技术咨询服务。这给大量的监理企业参与政府购买服务带来了新的挑战。

（五）购买主体的授权范围不一，急需寻找平衡点

政府购买监理巡查服务的权责分析，由于尚无相关法律法规可参考，大多采取合同约定的方式进行，但由于缺少可参考的合同文本，监理巡查服务的权力授权一直是争论的焦点。虽然在法律层面，监理巡查服务可以认定为咨询服务的一种，无法行使相应的处罚行为，但在实际操作过程中，往往处于模糊概念，造成了一些越权的巡查行为，形成了不良影响，更有甚者，巡查机构成了采购主体的"背锅侠"，也是造成了部分监理企业在参与政府购买服务中积极性不高的原因。因而，迫切需要总结相关的工作规范、标准等，来推动政府购买监理巡查服务政策的实施。

三、工程监理企业开展监理巡查服务的基本思路

（一）正确认识监理巡查服务与工程监理服务的角色定位

监理巡查服务的服务主体多为地方各级住房和城乡建设主管部门、政府投资工程集中建设单位和承担建设管理职能的事业单位，作为政府采购对象，我们需要依托于专业技术能力，为业主提供科学理论依据。

首先，在巡查过程中，要充分发挥自身的专业性，更加专注于工程实体与管理体系合法合规，为政府采购主体，公平客观地反映监督管理对象的实际状况，科学分析研判监管项目的质量安全管理状况。同时，对参建各方，要不断监督、警惕和帮助他们有效运行管理体系，制止违法违规行为，改善建设工程环境。

其次，参照试点方案，监理巡查主要的服务内容应以巡查市场主体是否合法有效，巡查危大工程实施管理，特种设备、关键部位监测检测以及竣工环节巡查或抽检为主，而非工程监理的"三控两管一协调"，需要监理人员以专业技术为根本，针对建设工程项目的关键部分提出巡查建议，促进建设项目各方行为及体系的有效运行，为采购主体的措施落地提供协助，充分补充政府监管主体的有生力量。

（二）创新监理巡查服务工作方式方法，提升咨询服务质量

监理巡查服务不同于工程项目监理，需要监理企业在方法、策划、思路、手段等多方面进行创新，同时引入信息化手段，提升巡查服务质量。具体如下：

1. 监理巡查服务涉及多项项目管理，不同项目进展不同，需要巡查机构有效甄别和归类筛选，合理安排巡查计划，结合项目实际，突出巡查重点。因此，多个项目的管理可选择引入信息化手段，在平台上，对监管项目的进展、巡查计划、巡查实施、巡查问题及整改情况等信息进行信息化台账更新，并设置一定的超时提醒功能，能够有效地协助巡查人员及时梳理并掌握巡查进展。

2. 巡查过程中，不能以传统"走、看、摸、听"的工作手段开展，作为监督管理，对工程实体需要巡查人员采用工具、仪器进行客观地测量，用数据说话，以法律法规为依据。同时，目前应用较为广泛的无人机、二维码、先进检测仪器等，在项目巡查及宣传引导方面，对于促进参建各方完善管理体系、及时发现重大隐患等方面十分有效，需要监理单位根据需求合理选配。

3. 政府采购监理巡查主要目的之一在于状态评价，因此，巡查机构需要结合采购主体监管项目情况，制定相应的检查标准，并结合规范中的保证项与一般项要求，赋予相应的分值，通过打分制对项目整体状况进行评估。同时，还可以结合评估结果，参照"一图两清单"的文件要求，逐步建立采购主体的监管地图，通过红橙黄蓝的风险等级辨识，为后续的监督管理提供参考。

（三）制定巡查服务工作标准，建立巡查服务机构的监管体系

监理巡查服务，通过部分咨询服务的实践经验总结，逐步形成了巡查服务的工作标准。首先，从职能看，监理巡查服务主要以项目合法合规性的核查，项目管理体系运行监督，提升项目各项管理水平，降低质量安全事故发生率等工作为核心目标，巡查成果主要是以项目巡查报告、阶段性分析报告、重大质

量安全隐患整改建议书等巡查总结为主。其次，需要考虑巡查项目的巡查频次、覆盖性以及重点关注项目，以此来制定周密的巡查工作计划，补充政府监管主体监督覆盖面不足的问题。综上，公司结合对巡查机构的工作梳理，从巡查工作清单的编制、工作标准设置、文件报告评审流程梳理、重大隐患的监督把关等几个方面建立了内部的巡查服务工作标准，以规范和促进巡查工作成效。再次，针对巡查机构工作质量的监管，结合巡查项目任务特点，利用月度重点计划管理的方法，要求巡查机构在月初编制月度工作计划，明确月度巡查工作任务，月底进行工作任务完成考核，监督巡查机构人员按期完成巡查任务。同时，结合巡查工作特点，以廉洁从业、专业技能、报告编制水平三个方面每半年进行一次多维度人员素质评价，并与个人工资绩效挂钩，激发巡查人员工作活力。同时，针对巡查计划、报告、建议书等巡查成果的编制审核，每季度进行工作内审，把关项目工作质量。以企业内部品控机制为基础，结合具体的操作，针对巡查机构建立了"月度工作计划考核管理＋巡查人员能力素质评价＋巡查机构管理行为内审检查"的"三位一体"的管理机制，有效保障了巡查机构提供高质量巡查服务。

（四）加强人才梯队建设，形成组织活力

作为政府采购监理巡查服务，所监管的项目各有特色，需要巡查人员具有一定的综合能力，当巡查项目数量较少时，各专业力量可以满足，但面对大量监管项目时，要求巡查人员具有较强的综合能力，因此，培养复合型人才，是工程监理企业开展监理巡查服务的迫切需求。

随着事故频发，相关管理政策的出台与制定，需要巡查服务方提供第一手的监管数据，监理巡查人员需要有效融合巡查服务成果，协助采购方进行监督管理政策的制定与出台，为巡查服务提供政策支撑，改善监管成效。

巡查服务不仅是对智力、专业的考验，同样也是对监理人员体力的考验，因此，需要监理企业内部建立具有较强活力的人才梯队建设机制，才能持久地参与政府采购监理巡查服务。

（五）走出去，增加交流，学习经验，主动影响采购主体

第一，工程监理企业应积极参与行业有关政府购买监理巡查服务的标准制定、课题研究、行业交流等活动，从理论层面拓宽对政府购买监理巡查服务的认知；未能参与政府购买监理巡查服务的工程监理企业应积极开展技术交流，向有经验的地区、单位学习，以了解和掌握监理巡查服务的实践经验。第二，在企业日常经营活动及业务管理过程中，主动影响采购主体，展现自身在建设工程监督管理中的企业优势。第三，不断总结在项目巡查过程中发现的问题，积累监理企业工程质量安全监督管理素材或知识库，为项目管理及实体状态的管控评价提供数据支撑，辅助一线监理人员科学研判，针对性地制定管控策略。

结语

回归初心，工程监理本身作为工程建设过程中的管控一方，需要通过专业知识掌握和把控关键环节，其实质是以智力服务及专业知识为主的技术咨询服务，需要更加专注于工程本身，去除尔虞我诈和利益纠纷，参与政府购买监理巡查服务，本身就是一种价值的体现，只是服务主体不同，其更加强调了工程监理是政府监督管理机制中的重要角色，能够让工程监理企业寻找到真正的发力点，以真干、实干为核心来打造工程监理的百年老店，为建筑行业高质量发展提供动力。我们要通过积极参与巡查服务，以更高的标准服务于采购主体，提高自身工作的系统性和全面性，进而提升企业服务能力。

综合以上，政府购买监理巡查服务，从政策的孕育、出台到执行落地，需要各个方面的意识统一和强有力的执行，才能够真正发挥工程监理的专业咨询服务作用。作为参与者，我们要弥补不足，准确定位，创新方法，起到独立第三方的作用，补充政府购买方监管力量，真正为建设工程项目保驾护航。以上观点不足之处，还请同行专家批评指正。

参考文献

[1] 李少霏．浅谈关于工程质量监管体系的完善与思考 [J]．福建建筑，2009(6)：65~68．

[2] 殷瑜．浅议我国建筑工程质量监管体系的建设 [J]．门窗，2012(8)：76．

[3] 王东亮．建筑市场监督管理存在的问题及措施探讨 [J]．科学与技术，2019(14)．

[4] 《解读国办发〔2017〕19号文：建筑业持续健康发展靠什么？》"建筑前沿"公众号．

[5] 住房和城乡建设部办公厅《关于开展政府购买监理巡查服务试点的通知》（建办市函〔2020〕443号）．

浅谈政府购买监理巡查服务助力提升政府部门质量安全监管

周　波　刘　练　唐发忠

广州轨道交通建设监理有限公司

摘　要： 政府购买监理巡查服务是探索工程监理服务转型方式，同时也是监理企业转型中出现的新的服务领域和新的蓝海，本文结合政府部门购买监理巡查服务实践经验，从多方面、多角度论述监理单位在助力政府监管部门开展工作中发挥的作用，形成的工作成果，从而助力政府部门提升建设工程安全质量监管水平，提高工程监理行业服务核心输出力，为后续政府购买监理巡查服务的实施提供参考。

关键词： 监理巡查服务；监管能力

前言

住房城乡建设部于 2017 年 7 月 7 日下发了《关于促进工程监理行业转型升级创新发展的意见》（建市〔2017〕145 号），该意见中的主要任务之一是引导监理单位服务主体多元化。文件中提出："鼓励支持监理企业为建设单位做好委托服务的同时，进一步拓展服务主体范围，积极为市场各方主体提供专业化服务。适应政府加强工程质量安全管理的工作要求，按照政府购买社会服务的方式，接受政府质量安全监督机构的委托，对工程项目关键环节、关键部位进行工程质量安全检查。适应推行工程质量保险制度要求，接受保险机构的委托，开展施工过程中风险分析评估、质量安全检查等工作。"

广东省住房和城乡建设厅于 2018 年 2 月 2 日下发了《关于贯彻落实〈住房城乡建设部关于促进工程监理行业转型升级创新发展的意见〉的实施意见》，文件中明确提出："鼓励以政府购买社会服务的方式，委托监理企业协助质量安全监管机构对工程项目进行工程质量安全监督。"

2020 年 9 月 1 日，住房城乡建设部下发了《关于开展政府购买监理巡查服务试点的通知》，指出用两年的时间，在江苏、浙江、广东三省的部分地域试点政府购买监理巡查服务，旨在探索工程监理服务转型方式，提升建设工程质量水平，提高工程监理行业服务能力，从而促进监理行业持续健康发展。这是继 2017 年 7 月住房城乡建设部所发布的《关于促进工程监理行业转型升级创新发展的意见》（建市〔2017〕45 号）的又一重大举措。

一、项目背景

广州市住房和城乡建设局监管在建房屋建筑工程和综合管廊工程约 2800 多个，广州市建设工程安全监督站监管的在建工程项目约 120 多个，其中房建工程约 95 个，市政及其他工程约 15 个。涉及房屋建筑工程、地下工程、市政道路工程等多专业，工程技术、质量、安全风险突出，"点多、面广"，工作覆盖面积广、安全质量风险点多、风险管控工作量大，专业涉及房屋建筑工程、地下工程、市政道路工程等多专业，而且对综合管廊工程、房屋建筑工程、市政工程综合技术要求较高，统筹工作的难度很大，存在安全监督站人员力量严重不足问题，很难兼顾所有在建项目，日常监督检查过程中难免疏漏，有较大安全隐患。

为进一步加强广州市建设工程质量安全监管，建立健全建设工程质量安全保障体系，提高建设工程监管效能，广州市住房和城乡建设局通过招标方式购买监理巡查服务，委托监理巡查单位随机提供专家协助全市范围质量安全监督执法巡查、工程质量安全专项检查，开展建设工程质量安全管理状态咨询工作，以弥补政府监管机构存在的人员力量不足问题。

由于该项目招标文件中对投标人企业资质要求是"同时具有房屋建筑工程监理甲级资质与市政公用工程监理甲级资质或者具有工程监理综合资质"，公司于2020年3月中标此项目，协助政府部门开展日常质量安全监管工作。

二、监理巡查工作开展内容

（一）监理巡查服务内容

1. 协助实施全市范围质量安全监督执法巡查，分析所查在建项目质量安全管理状态，提供行业监管咨询意见。

2. 按照合同约定协助实施全市范围质量安全专项检查，分析所查在建项目质量安全管理状态，提供工程监管技术支持。

3. 协助由委托方或委托方上级主管部门组织的安全生产和文明施工监管等其他检查工作。

4. 按照合同约定协助委托方核查在建项目现场检测情况，分析检测单位工作情况。

5. 按照合同约定协助委托方对委托方管理所使用的信息化系统进行阶段性评价，协助核查信息化系统内各单位填报信息，并对市管项目质量安全状态做出阶段性评价。

6. 按照合同约定向委托方提交阶段性安全分析评估报告。

7. 根据委托方要求组织技术交流。

8. 负责建立专家库，并制定专家管理制度，配合委托方做好专家的考核评价，同时做好专家协助工程检查的组织工作和资源保障，提供所查建设工程项目质量安全管理状态分析报告。

9. 提供的专家人数及专业必须能够满足委托方开展质量安全监督执法检查工作需求。

10. 建立专家回避制度。

11. 具体工作进度要求：专家应于检查当天提交检查记录，每月梳理专家协助检查情况，并于每月7日前提交上个月度检查台账、工作分析报告，分别于6月、9月、12月10日前提交季度工程质量安全状态咨询报告，年度咨询工作结束后7工作日内，提交年度咨询总结报告、绩效报告给委托方。

（二）保障措施

质量安全监管工作项目部负责提供专家开展协助监管工作所需要的便携式设备、工作车辆，提供误餐费，宣贯采购人各项要求、制度。依靠公司强大的技术力量为本项目提供专业、高效、优质的服务。

（三）服务工作方法和措施

1. 服务工作方法

1）工程质量安全监管工作开展前，需要委托方提供《工程质量安全监管计划》和相关指令。

2）根据派遣指令，协助委托方开展日常质量安全监管工作。专家配合委托方工作人员检查项目现场及质量安全管控资料等，负责填写检查发现的问题。

3）工作开展方式主要有：日常工程质量安全检查、专项检查、施工专项方案落实情况的监管、"双随机"检查、"飞行"检查、技术交流等。

2. 工作措施

1）根据质量安全监管计划派遣专家库相关专业专家协助采购人开展日常质量安全监管工作。专家配合采购工作人员检查项目现场及质量安全管控资料等。

2）根据采购人指令，派遣专家库相关专业专家参加省住房城乡建设厅、市住房城乡建设局组织的专项检查工作。

3）根据采购人指令，派遣专家库相关专业专家协助对各项施工专项方案落实情况进行监管，并及时上报监管情况。

4）技术支持及服务响应：接到采购人需求电话后，在2小时内做出响应；要求到达时间1小时内到达现场服务。

5）组织技术交流活动，提高质量安全监管工作水平。

（四）服务工作流程

1. 协助进行日常质量安全监管工作的专家派遣程序

委托方提前一周提供日常质量安全监管工作计划，工程质量安全监管工作项目部收到计划后安排相关专业专家参加协助监管检查工作，具体程序如图1所示。

2. 协助监管各施工专项方案落实情况的监管专家派遣程序

根据委托方指令，对相关项目各项施工方案落实情况进行监管检查，工程质量安全监管工作项目部收到指令后，根据采购人提供的施工专项方案及工程项目信息，安排相关专家根据专项施工方案进行现场监管检查，并将检查情况上报采购人（图2）。

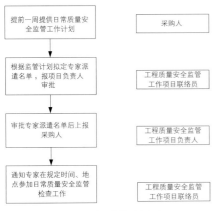

图1 日常质量安全监管工作的派遣程序

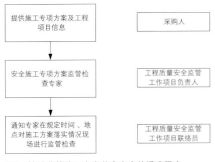

图2 协助监管施工方案落实专家的派遣程序

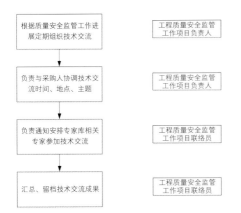

图3 组织专家技术交流的派遣程序

3.专家参加定期组织的技术交流的派遣程序

根据工程质量安全监管工作进展情况，工程质量监管工作项目部负责人定期组织技术交流，负责与采购人协调技术交流时间、地点及主题，根据采购人需求派遣专家库相关专家参加交流，提高工程质量安全监管工作水平（图3）。

三、监理巡查工作成果

巡查方根据合同要求，通过日常巡查工作的开展，建立日常检查台账，记录工作分析报告、专项巡查报告、专项评估报告、安全质量月度分析报告、安全质量基地分析报告、安全质量年度分析报告，建立起一套巡查评分标准和评价体系等成果。同时通过政府采购建立巡查业务的开展积累服务实践成果，丰富政府采购建立巡查业务经验，培养专业技术人员。

（一）档案成果

1.建立一整套第三方巡查评分标准和评价体系。

2.当天巡查结束后，巡查组分别针对每个检查项目逐个出具巡查情况报告。

3.根据委托方要求开展专项巡查，编写专项巡查报告。

4.根据委托方要求开展专项安全评估，对在建项目受控状态进行研判，出具专项评估报告。

5.每个月针对检查内容出具月度分析报告。

6.每个季度根据项目巡查情况，检查台账与月度工作分析报告，编制季度工程质量安全状态咨询报告，针对检查内容出具月度分析报告。

7.每年度检查根据项目巡查情况，检查台账，月度、季度工作分析报告，对结果进行数据整理，出具年度结果分析报告。

（二）服务实践成果

1.巡查单位借鉴国内外的先进安全管理经验编写合理的施工安全检查工作方案和流程，制定合理的检查情况表及量化评分表，为委托方统一检查标准，为施工安全标准化监管工作提供了技术支持。

2.巡查单位的检查情况报告在汇总安全隐患的同时，借鉴国内外的先进安全管理经验，提出针对性的解决方案，并跟踪施工工地改进，切实提高施工工地的安全管理水平。

3.巡查单位在月报及总结分析报告中，汇总了针对典型项目安全隐患的解决方案，为委托方监督工地提高施工安全管理水平提供了技术储备。

4.协助委托方组织召开施工安全主题会，为会议准备施工安全专业检查分析报告，向各施工相关企业宣讲检查情况、结果分析、解决方案。

5.在委托方监管工地发生安全事故时，深入事故调查，挖掘事故发生的原因，研究防范性措施。

6.巡查单位对委托方的施工安全信息化监管手段提供技术支持，给出了系统建设意见，对信息化监管手段的推广及应用根据委托方要求提供了支持。

四、监理巡查服务对于政府部门监管能力的提升

建筑业在我国各行业中属于高危行业，每年都有大量的建筑安全事故发生并造成了恶劣的后果，如人身伤亡、财产损失。随着工程项目向着大型化、复杂化的方向发展，施工过程中的安全隐患也在不断增加，而一旦发生安全事故，后果将非常严重。

改革开放以来，我国建筑业发展规模不断扩大，而政府部门由于受制于行政机构或事业单位性质的影响，监管机构和监管人员总数相对保持稳定，未随受监工程数量增加而同步增长。使得质监站、安监站从事建设工程监督的监管模式难以适应日益扩大的基建规模与先

进的建设技术，出现政府监管不力、监督工作缺乏专业性与客观性、监督机制不健全等问题。政府购买监理企业等专业性强的社会单位提供的第三方检查服务，可以很好地弥补政府主管部门力量不足的问题。

（一）政府购买监理巡查服务的实践意义

1. 检查权与处罚权分离。政府监管过程中，主管部门可以对建设工程进行监督检查和行政处罚。检查权要求权利主体具有较高水平专业知识技能，行政处罚权则要求权利主体依法行政。主管部门购买第三方检查服务，即将其"检查权"部分权利委托给相应的专业公司和专家团队，发挥其技术性优势，两方配合，各尽其职。

2. 增强检查专业化。政府购买监理巡查服务，引入专业化工程咨询单位，设置"专家组"从事具体工作，让专业的人做专业的事，以弥补政府监管部门在专业技术上的不足，保证检查结果具体、真实，具有参考性。

3. 推进行政体制改革。在"全面深化改革"的大背景下，十八届三中全会明确提出了深化行政体制改革的方向，要求转变政府职能，建设服务型政府。在全面推行政府购买服务的环境中，提出购买建设工程第三方检查服务理念，不仅是大改革之下的一小步，也符合行政改革的"简政放权"思想。

（二）政府购买监理巡查服务的优势

1. 弥补政府主管部门力量不足

在国家大力推行政府向社会力量购买服务的形势下，建设工程安全生产监管也可以引入政府购买，推行政府购买服务，解决在监管过程中人员和技术力量不足的问题。政府购买服务按照一定方式和程序，交由具备条件的社会力量承担，并由政府根据服务数量和质量向其支付费用。同时引入竞争机制，通过政府购买公开招标，以合同、委托等方式向社会购买。

2. 促进建设工程管理规范化、标准化

通过政府购买监理服务，制定合理的检查情况表及量化评分表，为政府主管部门统一检查标准、进行施工安全标准化监管工作提供技术支持；巡查服务单位在汇总安全隐患的同时，借鉴国内外的先进安全管理经验，提出针对性的解决方案，并跟踪施工工地进行改进，切实提高施工工地的安全管理水平，促进建设工程管理的规范化和标准化。

3. 减少政府检查机构与参建单位冲突

以往检查中，政府检查机构的强势地位容易造成与参建单位个别人员的冲突，激化矛盾；巡查服务单位接受政府委托进行检查，处于中立地位，降低了行政色彩。在进入现场检查、要求参建方提供资料、配合检查过程中，与受检方地位平等，易于沟通协商，利于参建各方与政府检查机构单位减少矛盾，共建平安工程。

4. 促进查罚职权分离

有利于解决政府在工程建设质量监管过程中检查权与处罚权分离、人员和技术力量不足、专业性不强、容易流于形式等老大难问题，可以有效节约财政成本，提升监管效率。

5. 促进监理行业发展，吸纳专业人才

有利于政府将专业的工程监理集中到必须实行监理的工程中，更好地发挥监理的作用，从而确保工程质量，有效缓解日趋严峻的建筑质量安全形势；有利于进一步探索监理服务的新模式，优化建筑行业营商环境，吸引更多的优秀人才加入监理队伍，从而促进监理行业的创新发展。

五、监理企业开展第三方咨询业务的体会

1. 通过委托第三方专业机构开展质量和安全方面的咨询服务，弥补了服务购买方自身人力资源匮乏和人员专业能力欠缺的不足，且第三方专业机构与建设项目各责任主体无隶属关系，更能公平公正地对建设项目进行客观评估，为服务购买方提供真实、科学的决策依据。同时，第三方专业机构可以通过专业的知识和丰富的经验为建设项目现场问题的解决提供技术方面的支持。

2. 作为专业咨询机构，工作安排较为灵活，可以根据现场安全状况通过加大检查频次和重点跟踪落实问题处理等方式加强对施工现场的质量安全管理，有利于质量安全管理工作持续改进。

3. 第三方专业咨询机构不受其他工作的影响，有充分的机会对现场问题进行分析和总结，能够对专业知识进行深入学习和钻研，既能提升专业机构的技术水平和服务质量，又能为服务购买方提供更优质高效的咨询服务。

4. 通过第三方服务，可及时总结检查出的问题，并作为案例或培训材料在企业内部进行组织培训。项目监理人员结合案例分析和工作实际，尽量做好事前控制的相关工作，以减少施工过程中的相关问题；同时不断丰富和提升监理工作经验和业务水平，更好地体现监理服务成效。

5. 目前监理行业处于转型升级的关键时期，各监理企业都在尝试开展工程

管理及全过程工程咨询等相关业务，其中第三方咨询也是监理企业转型升级的一个方向。通过第三方咨询业务，跳出监理视野看问题，既能看到监理在工程建设中的作用和地位，又能看到监理在工程建设过程中的短板和不足，从而进一步细化监理工作，提升监理工作品质。同时，以不同的身份和角度对工程建设进行管理，不仅拓展了在工程管理方面的视野，还能为工程监理向工程管理转型打好基础。

6. 全过程工程咨询是监理企业转型升级的大方向，需要大量的全方位复合型人才。尤其是监理工作所不甚熟知的业主端工作，包括工程施工手续的办理、与规划与城市配套部门的衔接、物业公司的管理流程及对问题的处理等，在实施第三方服务时都会有所涉及。通过第三方咨询服务，还能为监理企业转型升级储备人才、积累经验。

结语

随着我国建筑行业改革进入"深水区"，社会对工程咨询行业的需求更加多元化和专业化，对服务的要求也越来越高。政府购买第三方咨询服务既顺应政府导向，又满足市场需求。专业化和多元化的服务形式为服务购买方提供了优质高效的服务，对管控项目建设的质量与安全起到了举足轻重的作用。开展政府购买第三方咨询服务实践，在监理企业转型升级的道路上做了很好的尝试，为监理企业找准发展方向提供了更多的决策依据。

为建设主管部门提供专业化的第三方服务，是监理人员深入了解建筑市场、增加建设主体"业主"端信息储备的良好渠道。监理企业凭借着突出的专业优势、充足的人力资源和丰富的实践经验，在工程质量和安全监管方面的专业优势明显，作用巨大。随着政府购买第三方服务需求不断增大，通过提供质优、高效监理巡查服务，助力政府部门提升行业质量安全监管能力，促成政企双赢局面，将给监理企业转型升级带来更多的机遇。作为监理企业，我们应认清形势，顺势而为，尽快抓住转型升级发展的有利时机，通过此类业务的开展，尽快实现向全过程工程咨询发展的目标。

因此，广大监理从业者和监理企业一定要紧跟政策和市场发展，抢抓新一轮制度改革的机遇，苦练内功，提升行业和企业的核心竞争力和核心输出力，趁势新的风口，开拓新的蓝海。

监理企业拓展全过程工程咨询业务的探索

李 强 张 燃

京兴国际工程管理有限公司

摘 要： 为弥补建筑行业各专项咨询服务工作内容衔接不到位而导致的信息流失以及资源无法最大化，全过程工程咨询服务模式应运而生。在国家大力推行全过程工程咨询服务模式的大环境下，监理企业均陆续拓展全过程工程咨询业务。京兴国际工程管理有限公司作为住房城乡建设部首批"全过程工程咨询试点企业"之一，积极开展相关业务的探索。笔者根据公司开展全过程工程咨询业务过程中面临的问题，结合项目实际应用案例对监理企业拓展全过程工程咨询的经验进行了总结。

关键词： 工程监理；全过程工程咨询

一、全过程工程咨询服务业态背景

改革开放以来，我国工程咨询服务市场化快速发展，形成了投资咨询、招标代理、勘察、设计、监理、造价、项目管理等专业化的咨询服务业态，部分专业咨询服务建立了执业准入制度，促进了我国工程咨询服务专业化水平提升。随着我国固定资产投资项目建设水平逐步提高，为更好地实现投资建设意图，投资者或建设单位在固定资产投资项目决策、工程建设、项目运营过程中，对综合性、跨阶段、一体化的咨询服务需求日益增强，以解决各项咨询服务相互之间彼此独立、不同专业的工作内容缺少互补带来的一系列问题。这种需求与现行制度造成的单项服务供给模式之间的矛盾日益突出。

为破解工程咨询市场供需矛盾，建设行业行政主管部门积极完善政策措施，创新咨询服务组织实施方式，开始推行以市场需求为导向、满足委托方多样化需求的全过程工程咨询服务模式。

近年来，国内部分省市也出台了一系列的指导文件，逐步明确了全过程工程咨询服务的业务范围，主要包括但不限于前期决策咨询（项目建议书、可行性研究咨询、方案决策咨询等）、工程设计、工程招标投标代理、工程造价咨询、工程监理、工程后评价等内容。

全过程工程咨询模式的推行虽处于起步阶段，但必然是未来建设行业发展的趋势。基于延长服务链、增加附加值，提高企业市场竞争力等方面的考虑，国内建筑行业的监理、设计、施工单位，造价咨询企业纷纷开始转型，积极拓展全过程工程咨询业务。监理企业若想在一定范围内占领服务市场，必须在当前关键时期充分发挥专业优势，补足短板，逐步形成满足行业需求的专业力量。

二、监理企业参与全过程工程咨询服务的优劣分析

以设计为主导的全过程工程咨询是国际通行的模式，工程设计在项目管理中处于全局性和"灵魂性"的地位，对其他工程咨询起着先导作用。监理企业的优势在于监理人员处于项目监管的"中心节点"，在"三控三管一协调"等方面，具

有先天的优势。除了施工监理之外，部分大型的监理企业还开展了招标代理、造价管理、工程代建、项目管理等相关业务，通过多年来的工作积累，积累了一定的管理经验，但大部分监理企业在全过程工程咨询业务探索过程中仍存在一些不足，主要体现在以下几个方面：

（一）施工管理经验丰富但前期管理经验较少

大部分监理企业对现场施工管理工作形成了较为标准化的服务模式，但监理人员在决策管理、前期报建、设计阶段的管理经验相对较少，对设计、前期报建等工作管控重点把握得不够准确。以至于在与其他专业单位合作开展工作时，因缺乏专业接口的适当磨合而导致整体能力不足，给项目顺利推进带来了一定的阻碍，难以达到各项工作的目标和要求。

（二）从业人员整体素质不足

目前监理行业普遍存在从业人员整体素质不高，监理人员的结构不够合理，偏老龄化的问题。在拓展全过程工程咨询业务时，大部分监理人员因未经过专业教育培训，缺乏对工程的整体认识和规划能力，不能精准地确定自身站位，积极开展管理工作。同时，由于大部分监理人员对建筑行业专业知识的掌握也远低于设计人员、造价咨询人员及现场施工管理人员，在进行各专业协调管理时，人员整体素质不足的问题也就越显突出。

（三）存在思维定式，与设计管理、造价管理人员的契合度不高

监理行业从业人员在施工管理过程中积累了丰富的"战斗经验"，这是监理人员的专业优势，但正是由于过度倚仗这些工作经验，致使部分监理人员形成了思维定式，在一定程度上存在"等、靠、要"的思想，在与参建各方进行协调，尤其是项目部内部统筹协调管理过程中，缺乏完整调动各类资源以及对前期工作、设计工作推进的能力，不能做到通盘考虑及细节把控，无法顺利完成全过程工程咨询服务各阶段的工作目标。

三、监理企业参与全过程工程咨询服务的模式

在充分适应当前市场环境后，监理企业通过不断探索，形成了多元化的全过程工程咨询项目执行模式，根据项目执行方式的不同，可简化理解为：联合体模式与独立实施模式。

（一）联合体模式

联合体模式指监理企业与其他具有专项资质的一家或多家单位（如设计单位）组成联合体，共同承接全过程工程咨询业务。

《建筑法》中明确提出了承接项目勘察、设计、监理需具备相应的资质，因此承接相应业务的全过程工程咨询服务提供单位应具备与承包范围相适应的专项资质，但当前市场上的大多数监理企业通常不具备勘察、设计资质，因此，联合体承接全过程工程咨询业务成为当前市场主流模式之一。

在联合体模式下，联合体各方根据联合体协议约定的内容完成各自的工作，共同向建设单位承担连带责任。在联合体协议中，通过明确约定全过程工程咨询服务的牵头单位，由牵头单位统筹协调各参与方共同完成全过程工程咨询服务。但由于联合体各方服务内容不同，且在投标阶段界面难以完全清晰，因此在项目执行过程中容易产生纠纷，影响项目执行效率。同时，在投标阶段因全过程工程咨询各服务板块限价幅度存在差异性，在项目中标后，各参与方容易在费用分配方面引起争议。因此，监理企业在联合体模式下牵头主导全过程工程咨询工作开展时，必须具有较强的组织和统筹能力，做好各专项服务的整合和协同。

（二）独立实施模式

独立实施模式是指同时具备监理、设计等工程建设所需的各项资质的企业，独自承接全过程工程咨询业务。

独立实施模式下，要求监理企业同时具备监理、设计、勘察等专项资质。在当前市场，部分企业已开始通过并购、合并、重组、重新申请等方式完善自身资质，逐步转型成集勘察设计、项目管理、造价咨询、工程监理业务于一身的综合型服务企业。该模式职责清晰且协调工作为企业内部之间的协调，但对企业资质要求较高，只有少数大型企业才能满足。目前部分设计单位为了整合资质，已将所属监理企业资质和人员并入，能够充分发挥资质齐全的优势，积极开展全过程工程咨询业务。

四、全过程工程咨询服务探索遇到的问题及应对措施

随着全过程工程咨询服务的不断深入推行，也暴露出一些问题及阻碍，根据公司对全过程工咨询的探索经验，认为监理企业探索全过程工程咨询服务现存主要问题及应对措施如下：

（一）资质问题

全过程工程咨询服务通常包含前期管理、勘察设计管理、工程监理、造价咨询管理等多项工作内容，在当前建筑资质尚未完全淡化的环境下，业主通常要求全过程工程咨询服务单位的资质要覆盖项

目所涉及服务内容，但大部分监理企业不具备设计资质及勘察资质，且未在相应领域内实施过类似业务，企业资质不齐全，人员、业绩等相关问题阻碍了监理企业开展全过程工程咨询服务的步伐。

除少数大型企业外，监理企业在短期内具备设计、勘察资质以及完成人员及项目业绩积累存在较大困难。由于全过程工程咨询更加注重统筹能力，因此可考虑依托联合体的模式，与具备勘察设计资质的其他参建单位展开战略合作，共同承接全过程工程咨询业务，在项目执行过程中应不仅满足于做好监理工作，还要主动承担项目管理工作，积累相关管控经验，通过高效组合优质资源，创造服务价值，培养资源集成能力，形成核心竞争力。

（二）专业素质问题

监理企业应当充分发挥既有的现场管理经验，在此基础上向设计管理及造价咨询延伸。监理企业应当充分认识到自身短板，首先要做的就是重新调整人员的组成结构，多聘请年轻但专业基础与素质都过硬的高学历人才。在公司内部形成选拔培训机制，优化人才资源的配置，不断调整与补充缺乏的人才。通过项目具体实施过程，逐步完成复合型人才，特别是项目负责人或总咨询师的培养及储备。

在具体项目执行过程中，监理企业还应注重各项目部年龄架构设置，做到不同年龄的成员均衡分布，在项目部上形成专业知识"老带新"、新技术新知识"新带老"的发展局面，各参与人员通过互帮互助、取长补短，达到提升整体专业素质水平、稳步提升管理能力的目标。

针对项目负责人及高端人才不足的情况，应加强项目层与公司层之间的联动，项目部负责日常工作推进。公司作为项目的后台支撑，为项目提供标准化、专业化的支持，避免出现个人水平代替项目水平，项目水平代替公司水平的情况。

（三）职责分工问题

全过程工程咨询项目不同于监理项目，项目部各岗位的具体设置无可参考规范。在日常工作开展过程中，易出现职责划分不清晰或工作范围重复的问题，使工作开展受到一定阻碍，个别事项推进较为缓慢。

在日常工作执行期间，监理企业应定期组织项目部定期复盘，通过不断积累和总结，形成一套标准化的服务模式；同时，监理企业要充分汲取项目实施经验，由公司主导制定标准化管理体系，明确全过程工程咨询项目的执行模式及各岗位工作职责，在日常工作开展过程中贯彻人员绩效考核评价制度，做到工作分工清晰合理。监理企业还应加强技术创新能力，提高项目管理质量和工作效率，在创新的同时注意加强经验总结，通过实践逐步形成全过程工程咨询的项目管理方法、制度和流程，从而通过实践创造项目价值，不断提升综合服务能力。

（四）联合体合作问题

虽然联合体合作能有效解决资质不齐全的问题，但在联合体承包模式下，组成联合体的各单位主体在联合体协议的约束下开展各自工作，由于投标阶段对项目理解不透彻，在项目推行过程中，易出现责任划分不明确、工作漏项扯皮的问题，该问题长期发展和积累，会造成项目整体进度滞后、整体管控效果不理想、业主满意度下降的不良后果。

在此问题上，一方面是在投标阶段全面考虑相应项目所包含的各项具体工作，在联合体协议中明确各方具体的权利和义务。另一方面是在多类业务并行的状态下，根据开展全过程工程咨询业务的需要，以专业咨询部门为基础，采用矩阵型组织结构，以项目管理为中心，推行项目总咨询师负责制，明确最有效的合作模式，统筹考虑各单位人员投入的劳产比，提高各部门参与的积极性。

为了提升工作效率，同时减少责任风险，监理企业可通过总结提炼全过程工程咨询服务所包含的全部工作内容，形成联合体协议格式文本，明确可选择的产值划分、职责分工等标准条款，逐步实现联合体合作模式标准化。在项目执行过程中，发现个别事项约定不清晰时，应及时与联合体各方进行沟通，尽快协调解决，避免问题积压给项目推进带来的不良影响。

五、项目实例

（一）项目概况

公司于2020年8月承接了建设地点位于境外的某大型全过程工程咨询项目，该项目性质为改造工程，主要涉及软装拆除、结构加固改造、装饰装修更新、地下室扩建等建设内容。

该项目全过程工程咨询的委托范围主要包括项目规划报批手续办理、项目管理、设计管理、造价咨询、现场工程监理等内容。在招标阶段，建设单位要求全过程工程咨询单位必须具备监理及设计资质（接受联合体），在充分评估风险后，公司与上级单位组成了联合体共同参与本项目投标，并在联合体协议中约定由公司负责项目管理及现场工程监理业务，总公司负责造价咨询和设计管理业务。经过共同努力，最终成功承接了本项目全过程工程咨询服务。

（二）组织架构

本项目方案设计工作及规划报批工作由外方团队完成，中方团队主要负责初步设计及施工图设计、招标采购、工程现场施工等工作内容。由于涉及中外双方设计建设标准的差异影响，前期各项决策要综合考虑技术可行、经济适用原则，各业务板块均需深入参与工作，协调量较大，配合要求较高。为此，公司在本项目中优化了全过程工程咨询项目部整体组织架构，设置了项目负责人、项目管理负责人、设计管理负责人、投资管理负责人、现场管理负责人5个专职岗位（图1），其中，项目管理负责人由项目负责人兼任，现场管理负责人由注册监理工程师担任，各岗位按专业或工作内容设置了若干项目管理工程师。项目管理团队中，"老、中、青"员工数量比例约为2：1：2，根据目前推进情况来看，本项目人员架构设计较为合理，能够密切配合完成各项工作任务，同时也做到了全过程工程咨询人员的培养及储备。

（三）工作模式及措施

项目推进过程中，公司作为项目管理单位，在统筹总公司负责的造价管理、设计管理工作时，也遇到因工作界面、费用分配等原因导致工作推进困难的情况。为了提升工作效率，公司通过梳理职责，将设计管理、造价管理等各归口负责人员纳入项目管理核心团队，同时，在原联合体协议的基础上，组织各方就相关工作内容再次进行了讨论，与各参与部门共同签订了内部合作协议，通过矩阵分工表等形式对各方具体工作任务进行了梳理，组织建立了快速反馈机制，并明确了各项工作的主体责任人，制定了相关工作流程。对产值分配问题通过考虑人员投入类别和工作成效进行了二次补充约定，尽可能地实现了费用的均衡分配。经过多次沟通后，项目各参与部门能够在内部协议的约束指导下积极开展工作。

为了进一步提升工作效率，在本项目执行前期，公司组建的项目管理团队还主导建立了会议预沟通、内部联络、对外沟通等多项沟通制度。在定期与建设单位召开的工作例会开始前，参与本项目全过程工程咨询的各部门会先行组织内部沟通会议，对项目整体进展、各项工作开展情况等内容进行预沟通；在正式会议上，由项目管理团队统筹汇报项目各项工作开展情况，其他专业管理人员根据实际情况进行补充完善，提升了全过程工程咨询团队工作的整体性。在对外的协调管理上，由项目管理团队负责管理整合项目信息，统一信息出入口，并通过内部组织架构完成信息网络化传递，有效缩短了信息传递的距离及路径，实现了精准对接及快速响应。

在此项目上，项目管理团队严格贯彻落实"计划先行"制度，介入工作后即制定了项目整体进度计划，并针对各项主要工作制定了详细的具体实施计划，进度计划执行过程中通过"PDCA"的动态管理模式，最终按计划完成了各里程碑节点。

目前该项目已经步入正轨，国内设计工作正在稳步推进，通过在该项目上对联合体模式全过程工程咨询的探索，公司正在逐步完善内部全过程工程咨询管理体系及工作质量内控的管理制度，以争取为其他全过程工程咨询项目的执行提供参考和指导。

结语

全过程工程咨询在建筑行业的推行，对于监理企业来说，既是机遇也是挑战，在国家积极推行"建筑师负责制"和相关企业均积极开展全过程工程咨询的大环境下，监理之路将异常艰辛。我们应紧紧抓住这个历史机遇，乘势而上，追求卓越，不断增强工程咨询服务的能力，不断提高工程咨询服务的质量，在全过程工程咨询服务探索中凭借自身的实力和信誉抢得先机、开拓进取、站稳脚跟，为创建国际一流工程咨询公司奠定基础。

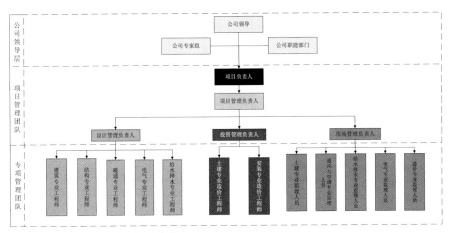

图1 本项目全过程工程咨询服务组织架构图

对监理企业实施转型升级发展战略中
练好企业"内功"的几点思考

卫 民　王文毅　石 超

山西协诚建设工程项目管理有限公司

摘　要： 新形势下，推进转型升级的创新发展，是工程监理企业的一项重要战略任务。监理企业实施好转型升级发展的战略，就要以转变观念、制度建设、数字化建设、专业化建设为着力点，练好思想认识、优化企业机制、信息化技术应用、人力资源管理的"内功"，以此提升科学思维，驾驭市场和管控风险，提高技术装备现代化水平和员工团队专业化服务等能力，这样才能抓住机遇，推动企业转型发展。

关键词： 转型升级；练好"内功"

引言

进入"十四五"时期，置身我国应对百年未有之大局的经济形势下，工程监理行业的生态环境也发生了深刻的变化，推进企业转型升级的创新发展，已经成为业内共识和工程监理企业的一项重要战略任务。

实施转型升级发展战略是一项复杂而艰巨的系统性工程，涉及企业的方方面面。为策划和落实好这一项战略措施，客观上就要求我们对监理企业转型升级的基本规律和内在要求，有必要做出认真的审视和思考，以此努力把握企业转型升级的本质特性和时代特征，从而为企业有效实现转型发展创造有利条件。

基于上述目的和意义，本文就转型升级对监理企业练好"内功"的本质要求、企业面临的现状和形势、存在的主要问题及注意把握的工作着力点，谈几点粗浅的认识，以期与行业同仁进行有益的交流和探讨，抛砖引玉。

一、转型升级对监理企业练好"内功"的本质要求

从市场经济的商品逻辑看，企业之所以采取转型升级的发展战略，主要动机是企业现有产品已经难以或不能够很好地满足市场需求，战略达成方式就是通过经营管理模式的优化再造，提升和完善产品的市场价值，重塑企业在市场中的竞争优势。就一般制造企业而言，转型升级的表现方式往往是通过企业管理方法的改变来实现产品升级换代的过程，其背后的实质是企业适应市场变化的能力，即企业把握市场机遇的核心竞争力问题。再具体一些就是企业向市场提供的，能够满足客户价值要求的产品研发生产能力。从各类不同企业的产品特质看，制造业提供的产品，市场反应总是有一个使用的时间过程，相较于这类企业，市场或客户对监理企业提供的"产品"反应就可能更加敏感和直接，这是由监理的职能职责定位以及它"产品"的形态所决定的。

关于工程监理的职能职责定位，中国建设监理协会会长王早生曾在上海召开的"监理企业发展全过程工程咨询服务交流会"上有过一个简洁而贴切的描述："工程卫士、建设管家"。在这八个字的定义中，我们可以清楚地看到，监理企业向工程建设市场提供的产品，首先是一种"管理服务"，其次，这种"产品"的功能价值，由行业法制、专业技术两部分元素构成，是监理企业把握建设市场要求、驾驭工程现场规矩两方面

能力的高度统一体。因此，在企业转型发展上，要说制造企业需要升级的是物理产品的研发生产创新能力，那么监理企业必然提升的就是服务产品的综合管理创新能力。对"管理服务"的再管理这种特有的"生产方式"，从本质上就赋予了监理企业必须眼睛向内，苦练"内功"的特殊含义和重要意义。

二、监理企业面临的现状和形势

经过30多年的发展，我国工程监理行业成就显著，行业规模和经营范围不断扩大，工程监理企业的数量整体上升。但与此同时，由于行业市场发育不完善，监理企业同质化竞争日趋严重，监理业务边际效应日益递减，一些企业的主要经营指标出现徘徊，许多中小企业难以做大规模。特别是近两年，受新冠疫情和贸易战的影响，房地产业也持续降温，经营环境不确定因素增多，加剧了企业运营困难，工程监理业态呈现出一定程度的低迷。加快推进监理企业的转型升级势在必行。

党的十九届五中全会以来，"立足新发展阶段，贯彻新发展理念，构建新发展格局"，已经成为我国应对内外发展环境深刻而复杂的战略决策和经济导向，全面推动高质量发展是国家整个社会经济发展的主题。在这个时代背景下，各行各业对投资建设工程必然会有更高、更新的需求，以全过程工程咨询为典型标志的行业转型升级在行业内日益兴起，监理企业的管理服务也迎来一片新的生存发展天地。

新的形势下，监理企业的转型升级面临历史机遇，也面临着许多历史积累的困难和挑战。存在的问题中，固然有行业市场的体制机制发育不全、企业强制力保障缺乏、法律责任定位长期不清等客观因素，但企业内生性问题也日益凸显，用唯物辩证的方法观察，监理企业自身存在的问题也是其寻求转型发展的原动力，即转型升级的企业内因。随着行业市场改革发展这一外部条件不断趋于成熟，唯有有效解决好自身存在的主要问题，监理企业才有可能把握住新的历史机遇，成功实现转型发展。

三、监理企业转型升级问题的短板

我们对监理企业自身问题进行梳理后可以发现，尽管问题表现多样，但归根结底是企业在市场上的差异化竞争空间缩减，企业原有的一些能力优势正在减弱甚至丧失。如果置身于全过程工程咨询这一产业链中，监理企业存在的"短板"就会更加明显，其管理服务的能力缺陷和不足，主要表现在以下几个方面：

一是企业的客户管理存在"短板"。工程监理因市场经济发展而应运而生，监理企业的"管理服务"给客户带来的价值是其存在的唯一理由。在建筑市场的发育期和监理企业的成长期，有赖于工程建设在各行各业高速而粗放式的发展状况，监理企业管理服务的质量和单一性尚能满足客户的需求。但随着建筑业市场的日渐成熟和监理业的迅速扩张，监理企业的无序竞争加剧，行业门槛拉低，低水平同质化的管理服务，越来越难以满足客户高质量、个性化需求，也逐渐弱化了客户心目中监理行业应有的价值地位。在客户管理这一重大问题上，集中暴露出为客户创造新服务价值的意识不强、投入的精力不足、创新的功力不够和拓展服务功能不力的企业"短板"。

二是企业的风险管理存在"短板"。高风险、高回报是市场经济的一条基本规律，阐述的是企业风险成本与风险收益的辩证关系，考量的却是企业对风险管控的能力。随着总体国家安全观的确立，国家对工程建设领域的行业标准、法律法规更加完善，中央、地方政府对在建工程的关注点也越来越多，要求也越来越严。面对这一深刻变化，基于监理企业在全过程工程建设链条所处的特定环节，由于法律责任和地位的不确定性，相较于其他各参建方，可能关联和潜在的各种风险集成度更高，承担的风险成本更大。然而在现实中，相当一部分的企业，特别是中小型监理企业仍然在以传统的管理思维和管控方式去应对这一市场变化，不同程度存在着对全面风险防控认识不深，规范化、标准化基础工作不扎实、不完善，对风险隐患的系统性管控能力建设不够等企业"短板"。

三是企业的技术装备存在"短板"。当今社会，我们处在一个信息化、数字化的时代，数据信息是社会和企业的重要战略资源。谁能抢占这一轮信息技术革命的制高点，谁就能在技术装备上形成差异化竞争优势，就能利用好数据信息的战略资源，进一步增强企业的决策力、洞察力和管理执行力，从而使企业在市场竞争中把握先机，抢占先机。长期以来，由于监理企业的业务特点，信息化技术投入不足，基础薄弱，管理服务的标准化、规范化建设与数字化管理的运用对接不够，融合不深，与此同时，相较于工程建设咨询服务的其他单位，监理企业在 BIM 技术的掌握和应用上更显落后，这些问题均构成了企业技术装备方面的"短板"。

四是企业人才队伍建设存在"短板"。随着市场经济的深入发展，建设工程的技术构成越来越复杂，标准化规范越来越丰富，客观上对监理企业管理服务的智力密集度提出了新要求，提升技术力量的专业化程度和水平，成为企业人才队伍能力建设的重要战略目标。实践中，由于监理企业薪资待遇较低，吸引人才政策力度小，培训手段不够，企业急需的专业化人才难以引入，现有员工的专业化素质提升缓慢，有些企业甚至人才流失严重。这方面存在的"短板"，不仅影响和削弱了企业的核心竞争力，而且扰乱了企业专业化发展的战略方向，制约了企业多元化转型的步伐。

四、练好企业"内功"的主要着力点

加快实施转型升级发展战略是监理企业的历史必然，也是时代的呼唤。纵观监理企业的发展状况，尽管存在着许多困扰和问题，但监理企业在工程建设事业中所发挥的重要作用却毋庸置疑。因此，我们绝不能妄自菲薄，必须励志图存，自强不息，正视自身存在问题，抓住主要矛盾，做到有的放矢，苦练"内功"，补齐"短板"，才能努力争取实现"在转型中蓄势，在蓄势中升级"的有利局面。

一是要以转变观念为着力点，练好思想认识的"内功"，提升科学思维的能力。思想是一切行动的先导，是指导我们实践转型升级各项工作的出发点和落脚点。因此，要紧紧围绕阻碍企业发展的"痛点"，深入反思新形势下企业在市场客户管理、全面风险管控、现代技术装备和专业技术队伍建设等方面存在的思想"短板"、认识"短板"，提升对当代工程监理服务内在遵循的基本规律的再认识，不忘监理初心，增强转型升级的紧迫感，增强善于自我革命的主动性，切实做到思想转型先于战略转型，以此再造思维观念的竞争优势，占领市场的思想先机。

二是要以制度建设为着力点，练好优化企业机制的"内功"，提升驾驭市场和管控风险的系统能力。制度是企业管理行为的主要载体，机制是制度化的工作方式。机制制度的内在重要功能，在于它对企业行为的规范性和引导性。因此，要紧紧围绕影响企业经营管理效率效益的难点，从市场和客户管理、风险防控、技术装备升级、人力资源管理等主要方面，继承企业优良品质，对标行业一流水平，深入优化业务流程、工作标准和基础数据，提高经营管理的精细化、精益化程度，完善和增强企业的系统性、体系化经营管理功能，充分释放和发挥机制制度的应有作用，以此塑造企业的制度优势，推进实现经营管理模式的转型升级。

三是要以数字化建设为着力点，练好信息化技术推行应用的"内功"，提升企业技术装备的现代化能力。要紧密结合业务流程优化，管理体系精益化，监理服务规范化、标准化和精细化等重点工作内容，增强互联网思维，加强软硬件投入，抓好示范培训，深入开展信息化、数字化改造，进一步增强企业技术装备的保障能力，改善信息资源的运用质量，提高对市场开发、现场管理的敏感性和反应力，以此打造支撑企业发展的技术优势，助推企业向数字化管理模式转型。

四是要以专业化建设为着力点，练好人力资源管理的"内功"，提升员工团队专业化服务能力。要紧密结合企业员工专业技术技能现状，企业经营业务既定和潜在的培育、拓展方向等有关重要内容，认真研究制定专业化人才队伍建设的战略规划和实施措施，分类实施，分项实施，引才和自培相结合，借"脑"与合作相结合。改进项目管理的组织方式，"以老带新""以干代训"，加快专业化人才培训培养步伐；创新人才引进机制，变引人为引"智"，突破用人桎梏；以责权利为纽带，规范畅通监理企业内部、监理企业与其他建设咨询服务等企业之间专业力量的广泛合作，充分体现企业间的优势互补、合作共赢，努力改善企业因人力成本压力而难以引进人才、留用人才的现状。以此聚集形成企业专业化发展的智力优势，助推企业人力资源管理在投入模式上的规范化转型。

综上所述，企业的转型升级是一个很大的话题，也是一个很深的课题，由于各企业自身实践和探索所走过的道路不尽相同，得出的结论和体会也必然不同，因此，本文所述观点并不能代表所有企业感受，有些难免还存在偏颇和谬误，也请行业同仁对不当之处斧正。但无论企业采取哪种经营战略，要抓住机遇，发展自己，练"内功"、打基础是企业的永恒主题。

1995年中国建筑工程"鲁班奖"—太原机场（上图左）
古交兴能电厂至太原供热主管线及中继能源站工程隧道段工程"2018—2019年度中国建筑工程鲁班奖""第十九届中国土木工程詹天佑奖"（上图右）

1996年中国建筑工程"鲁班奖"—太旧高速公路

2000年中国建筑工程"鲁班奖"—中国建行山西分行综合营业大厦

2002年中国建筑工程"鲁班奖"—山西省国税局业务综合楼

2003年中国建筑工程"鲁班奖"—鹳雀楼

2006年中国建筑工程"鲁班奖"—博物馆

2010—2011年鲁班奖工程监理企业荣誉称号—中国人民银行太原中心附属楼

2012—2013年中国建筑工程"鲁班奖"—煤炭交易中心

2014—2015年中国建筑工程"鲁班奖"—山西省图书馆

2018—2019年中国建筑工程"鲁班奖"—中美清洁能源研发中心

共创2009年"鲁班奖"工程监理企业荣誉称号—新建太原机场航站楼

山西省建设监理有限公司

山西省建设监理有限公司的前身是原隶属于山西省建设厅的国有企业——山西省建设监理总公司。公司成立于1993年，是国内同行业内较早完成国企改制的先行者之一。公司注册资本1000万元。

山西省建设监理有限公司具有工程监理综合资质，业务覆盖国内大中型工业与民用建筑工程、市政公用工程、冶炼工程、化工石油工程、公路工程、铁路工程、机电安装工程、通信工程、电力工程、水利水电工程、农田整理工程等专业工程监理服务。

公司已通过GB/T 19001—2016质量管理体系、GB/T 24001—2016环境管理体系、GB/T 45001—2020职业健康安全管理体系三体系认证。公司被评为"中国建设监理创新发展20年工程监理先进企业""三晋工程监理企业二十强"，多次荣获"中国工程监理行业先进工程监理企业""山西省工程监理先进企业""山西省安全生产工作先进单位""山西省重点工程建设先进集体"等荣誉称号，是行业标准、地方标准参编单位之一。

自公司成立以来，在公司名誉董事长、中国工程监理大师田哲远先生的正确引领下，全体干部职工团结一致、艰苦创业，已将公司建设成为国内监理行业具有影响力的企业。在国家重点项目、地方基础设施、民生工程建设方面取得了令人瞩目的业绩和荣誉。公司多次紧抓国家及地方经济建设战略发展机遇，参与了多项省内重点工程建设，完成各类监理项目4000余项，监理项目投资总额3000亿元。公司所监理的项目荣获"中国建设工程鲁班奖""詹天佑土木工程奖""国家优质工程奖""中国钢结构金奖""山西省建设工程汾水杯奖""山西省优良工程"等各类奖项300余项。

公司拥有一支久经考验、经验丰富的专业团队。在公司现有的1000余名员工中，汇集了众多工程建设领域专家和工程技术管理人员，其中：高、中级专业技术人员占比达90%以上；一级注册建筑师、一级注册结构工程师、注册监理工程师、一级注册建造师、注册造价工程师、注册设备监理师等共计183名。公司高层高瞻远瞩，注重人才战略规划，为公司可持续发展提供了不竭动力。

公司始终遵循"严格监理、一丝不苟、秉公办事、热情服务"的原则；贯彻"科学公正、诚信、敬业，为用户提供满意服务"的方针；发扬"严谨、务实、团结、创新"的企业精神，彰显独特的"品牌筑根、创新为魂；文化兴业、和谐为本；海纳百川、适者为能"24字企业文化精髓，一如既往地竭诚为社会各界提供优质服务。

企业近30年的发展基业来之不易。展望未来，我们将发扬敢于担当、敢于拼搏的团队精神，以满足顾客需求为目标，以促进企业发展为己任，弘扬企业文化精神，专注打造企业发展核心动力。有我们在，让客户放心；有我们在，让政府省心；有我们在，让员工舒心。

发展没有终点，我们永远在路上！

山西省体育中心主体体育馆

山西协诚建设工程项目管理有限公司

山西协诚建设工程项目管理有限公司成立于1999年1月，注册资本3000万元，法人股东单位有中国兵器工业建设协会。公司党委于2011年3月经山西省国防科技工业党委批准成立，是省内监理行业首家混合所有制企业党委。公司下属两个子公司：山西北方工程造价咨询有限公司和山西协诚工程招标代理有限公司。公司具有工程监理综合资质、设备监理甲级资格、环境监理及人防工程监理，具备为涉密军工科研单位项目建设提供咨询管理服务的资格等多项资质资格。公司现有在册员工450余人，取得国家各类注册执业资格300余人，技术实力雄厚。公司现有在册员工450余人，取得国家各类注册执业资格300余人，技术实力雄厚；23年来，公司承接完成东北、华北、西北、西南、海南、新疆以及中亚吉尔吉斯斯坦、非洲刚果（金）等国内外的房屋建筑、市政公用、机电安装、电力、冶炼、水利水电、矿山、化工石油、农林、铁路、公路、港口与航道、航天航空、通信以及新能源领域等15个专业大类的工程监理、项目管理咨询服务等2000余个项目，服务业绩优良。

建筑工程监理（鲁班奖）

太原万达商业综合体（国家优质工程奖）

山西协诚建设工程项目管理有限公司持续致力全过程工程咨询能力建设，经不断实践探索和总结创新，形成独具企业特色的三维目标管理体系理论；公司持续建立完善各项管理标准、工作程序，编制了规范化、标准化的管理实施手册，形成完备的企业管理制度体系，公司建立有完善的质量管理体系，并通过了OHSAS 18001"三合一"管理体系认证，形成"精心组织、规范监理，全面实现工程建设目标；竭诚服务、严格管理，不断总结提高工作实效"的企业质量方针和客户至上诚信服务的企业精神。

华夏数码中心（国家银质奖）

瓜州风力发电项目

山西协诚建设工程项目管理有限公司是中国兵器工业建设监理协会和山西省建设监理协会的副会长单位。公司自成立以来，21年连续荣获"山西省先进监理企业"称号，是山西省首家取得综合资质的监理企业，也是全国第一家取得"军工二级保密单位资格"的中介咨询服务机构。近年来，公司获得的主要荣誉有：中国先进工程监理企业、山西省先进工程监理企业、中国兵器行业先进监理企业、中国创新发展20年工程监理先进企业、三晋监理企业二十强、山西省转型多元化发展企业、山西省工程建设质量管理优秀单位、山西省创建学习型活动先进监理企业等。公司承接项目获得国家及省部级奖项多达200余项，其中有"鲁班奖"、国家优质工程奖、中国钢结构金奖、"汾水杯""太行杯""安济杯""海河杯"等。

中北大学图书馆

太原万达商业综合体（国家优质工程奖）

山西协诚建设工程项目管理有限公司历经23年的发展和积淀，塑造了"优质高效、诚信服务"的经营理念；打造了一支"有抱负、负责任、受尊重"的专业技术队伍，配套配备了相应的技术装备、信息化管理系统和标准化管理手段，为各类建设项目更好地提供全过程、全方位管理咨询服务，为建设单位更好地提供个性化的一流管理咨询服务奠定了坚实的基础。

（本页信息由山西协诚建设工程项目管理有限公司提供）

华锦环氧乙烷项目

长风商务区室外工程

长钢80万t转炉工程

中国知网出版与数字图书馆

大同市高铁站北广场综合枢纽项目

大同方特文化科技产业基地

大同市玄辰广场建设项目

恒山生态修复工程

京能供热长输管线建设项目

梨园河选煤厂项目

南瓮城广场建设项目

内蒙古伊泰集团准格尔选煤厂

山西大同塔山选煤厂建设项目

天镇高铁站供电工程

同煤集团北辛窑煤矿矿选煤厂

云冈石窟演艺厅项目

山西新星集团公司

　　山西新星集团公司（山西新星项目管理有限责任公司）成立于 2000 年，法定代表人张廷宝，注册资金 5000 万元。公司总部设在山西大同，在北京、深圳、海南、太原等地设有分公司。业务范围涵盖所有工程领域，是国内为数不多的资质全、范围广、实力强的综合性工程建设公司。

　　公司具有工程建设全过程管理资质，拥有工程咨询、工程测绘、工程勘察、工程设计、工程造价、招标代理、工程监理、工程项目管理、工程施工等资质。2022 年，公司取得了工程监理综合资质，可以开展建筑、铁路、市政、电力、矿山、冶金、石油化工、通信、机电、民航等专业工程监理、项目管理及技术咨询业务。

　　公司拥有电子与智能化、建筑装饰装修、消防设施、建筑、市政、矿山、公路、机电、电力、环保、地基基础、钢结构、建筑机电安装等施工资质。

　　公司业务还涉及康养、休闲、旅游等众多行业，下设大同火山峪康养小镇、大同火山峪休闲农庄两个子公司。康养小镇占地约 3000 亩，投资 4.03 亿元；休闲农庄占地约 1140 亩，投资 3.2 亿元。

　　公司坚持"多元化发展、全过程服务"的经营方针，以全资质、全过程项目管理模式，形成各项业务不同组合，为客户提供从前期立项到竣工验收的一站式或阶段性服务，满足不同客户的差异化需求。

　　公司遵循"以人为本、与时俱进"的管理理念，经过多年的锤炼，已形成一支专业齐全、结构合理、管理精细、作风扎实的人才队伍。目前从业人员 350 余人，其中一级建筑师、一级结构工程师、公用设备工程师（给水排水）、公用设备工程师（暖通空调）、电气工程师、岩土工程师、环评工程师、测绘工程师、咨询工程师、造价工程师、一级建造师、监理工程师等各类注册人员共计 130 多人，其中高级技术职称者占 40% 以上。强大的人才队伍、雄厚的技术实力，确保每项建设工程能够高质量进行。

　　公司成立 20 多年来，发扬"团结、拼搏、务实、创新"的企业精神，承接了许多大型房建、市政、煤炭、交通、水利、电力等工程项目，依靠资质优势、人员优势和优质服务，赢得政府、客户的尊重与信任，已逐渐成为同行业领航者。目前，新星公司适应新时代的发展要求，依靠全员的智慧和力量，向制定的"百年奋斗目标"奋勇前行。

地址：山西省大同市平城区兴云桥东南角碧水云天·御河湾 54 号楼
电话：0352—5375321
电子邮箱：sxxxpm@126.com

（本页信息由山西新星集团公司提供）

山西省煤炭建设监理有限公司

山西省煤炭建设监理有限公司成立于1996年4月，具有住房和城乡建设部颁发的矿山工程甲级、房屋建筑工程甲级、市政公用工程甲级监理资质。具有住房和城乡建设厅颁发的水利水电工程乙级、电力工程乙级、机电安装工程乙级、化工石油乙级监理资质。具有煤炭行业矿山建设、房屋建筑、市政及公路、地质勘探、焦化冶金、铁路工程、设备制造及安装工程甲级监理资质。具有山西省人民防空办公室颁发的人民防空工程建设监理乙级资质，山西省自然资源厅颁发的地质灾害防治资质，山西省应急管理厅审批的安全评价资质证书，山西省工程咨询协会颁发的工程咨询单位乙级资信预评价证书。公司为山西省建设监理协会会长单位，中国建设监理协会会员单位，中国煤炭建设协会、中国煤炭监理协会理事单位，中国设备监理协会、山西省煤炭工业协会会员单位。

公司具有正高级职称2人，高级职称28人，工程师569人；一级注册结构工程师1人，注册监理工程师124人，一级注册建造师8人，注册造价工程师11人，注册安全师10人，注册设备师12人，人防监理工程师24人，环境监理工程师14人，水土保持监理工程师18人。企业通过了质量体系、环境管理体系和职业健康安全管理体系三体系认证，并荣获"3A信用等级企业"称号。

公司先后监理项目涉及矿建、市政、房建、安装、水利、环境、矿山修复、土地复垦、电力等领域，遍布山西、内蒙古、新疆、青海、海南、浙江、江西、等地，并于2013年走出国门，进驻刚果（金）市场。监理项目多次获得国家优质工程奖、中国建设"鲁班奖"、煤炭行业工程质量"太阳杯"奖，以及全国"双十佳"项目监理部荣誉称号。

2002年以来，企业连续获中国煤炭建设协会、山西省建设监理协会授予"煤炭行业工程建设先进监理企业""先进建设监理企业"，获山西省直工委"党风廉政建设先进集体""文明和谐标兵单位"荣誉称号；是全国煤炭建设监理行业龙头企业，2011年进入全国监理百强企业。

地址：太原市并州南路6号鼎太风华B座21层
邮编：030012
电话：0351-4378747
传真：0351-8397238

阳光城并州府监理项目

（本页信息由山西省煤炭建设监理有限公司提供）

合生帝景监理项目

碧桂园朗悦湾监理项目

红星王家峰城中村改造监理项目

霍州煤电集团吕临能化庞庞塔煤矿年产1000万t矿建工程

山西潞安高河矿井工程（矿井地面土建及安装工程），2012年12月获中国煤炭建设协会"太阳杯"奖，2013年12月获住房和城乡建设部"鲁班奖"

山西潞安屯留矿阎庄进风、回风立井井筒工程与山西潞安屯留煤矿主井井筒工程，2009年12月获中国煤炭建设协会"太阳杯"奖

山西煤炭运销集团旧街煤业矿山生态环境恢复治理试点示范工程

山西省采煤沉陷区综合治理阳泉上社煤炭有限公司矿山生态环境恢复治理试点示范工程

太原煤气化龙泉矿井年产500万t矿建工程，荣获全国煤炭行业双十佳项目监理部

同煤浙能集团麻家梁煤矿年产1200万t矿建工程（矿井及井巷采区建设）

西山晋兴能源斜沟煤矿3000万t选煤厂工程

晋中市正元建设监理有限公司

晋中市正元建设监理有限公司成立于 1995 年 9 月 25 日，原名晋中市建设监理有限公司，于 2008 年 6 月经批准更名。是经山西省住房和城乡建设厅批准成立的具有独立法人资格，是由山西省财政厅参股和晋中市住房和城乡建设局主管的国有企业，同时是中国建设监理协会、山西省建设监理协会、山西建筑业协会、山西省招标投标协会、山西省市政公用事业协会、山西省建筑产业现代化联合会等会员单位。

公司具有国家住房和城乡建设部核发的房屋建筑工程监理甲级资质、市政公用工程监理甲级资质，机电安装工程监理乙级、化工石油工程监理乙级、通信工程监理乙级、公路工程监理乙级、水利水电工程监理乙级和人防工程监理乙级资质。

公司现有职工 500 余人。其中，国家级注册监理工程师 77 人，注册造价工程师 7 人，注册一级建造师 11 人，注册二级建造师 20 人，注册安全工程师 2 人，注册咨询工程师 2 人，注册会计师 1 人，具有高、中级技术职称 320 余人，其余人员经山西省建设监理协会培训合格取得了专业监理资格。

公司于 2017 年顺利通过质量管理体系认证、环境管理体系认证、职业健康管理体系认证，建立健全了一套质量、环境与职业健康安全一体化管理体系。

公司成立至今，承接各专业工程 5000 余项，对承监项目严格遵照质量方针和目标的要求进行监理。在合同履约和质量方面，均得到了各界领导和单位的肯定。所监理的项目中获得过国家级质量奖"鲁班奖"、中国国际园林博览会"创新项目奖和优质工程奖"、山西省建筑业协会"汾水杯"工程奖、山西省质量优良奖、山西省优质结构工程奖、山西省建筑施工安全标准化工地奖、山西省太行杯土木工程大奖、山西省三晋杯建筑工程装饰奖、山西省建筑新技术应用示范工程奖、山西省建设科技成果奖、山西省市政工程示范工程奖、山西省劳动竞赛委员会颁发的集体三等功一次、晋中市优良工程奖、晋中市优质结构奖、晋中安全标准化工地奖等很多奖项，并且多次荣获建设单位赠予的锦旗。

公司连续多年，多次被山西省建设监理协会授予"山西省先进监理企业""山西省工程建设质量管理优秀单位""山西省建设监理安全生产先进单位""晋中市先进集体"等荣誉称号，两次被山西省建设监理协会授予"三晋工程监理企业二十强"荣誉称号等。

在 2020 年 1 月疫情暴发和 2022 年 3 月疫情反弹时，公司主动请战到第一线，参与了晋中市传染病疫情定点医院的 CT 室用房建设和太谷方舱医院建设工程项目。2021 年为抗洪救灾捐款；2022 年 4 月，公司党支部带领党员干部慰问抗疫一线人员，多次参与社会公益活动，荣获"博爱一日捐"优秀组织奖。

云程发轫，万里可期。公司的发展融入了广大业主的支持和信任，我们将不断进取、开拓创新，以更专业的知识、更科学的技术，为业主提供更周到、更优质的服务。

（本页信息由晋中市正元建设监理有限公司提供）

晋中市综合通道建设工程 PPP：山西省建筑施工安全标准化示范项目、山西省市政精品示范工程、晋中市建筑安全标准化示范项目、山西省建设工程汾水杯

灵石县第五中学项目：山西省优质结构工程、山西省建筑业协会汾水杯工程、山西省第十七届太行杯土木建筑工程大奖

晋中市科技馆、博物馆、图书馆项目：山西建筑工程标准化工地、山西省优质结构工程、中国建设工程鲁班奖

晋中市中医院门诊综合楼：晋中市优质结构工程、山西省优质结构工程

晋中职业技术学院项目：山西省建筑业协会汾水杯工程、山西省优质结构工程

第十一届中国（郑州）国际园林博览会：室外展园综合奖金奖、创新奖、单项奖展园设计金奖大奖、优质工程奖优秀奖、建筑小品奖大奖

榆次一中南校区操场及地下停车场建设工程：晋中市优质结构工程、晋中市建筑安全标准化示范项目

昔阳县水生态提标工程项目

和顺生态环境修复工程项目

太原武宿（国际）机场空港配套工程

榆次东华世家小区项目

左权人民医院

山西省建设监理行业及协会

2013年11月省人社厅、省民政厅联合授予协会"全省先进社会组织"殊荣

2014年5月，荣获省建筑业工会联合会表彰的"五一劳动奖状"

2020年新冠肺炎防控工作先进单位

爱心助学　功德千秋

5A级社会组织荣誉证书

参与脱贫攻坚贡献奖

2019年12月，中国建设监理协会会长王早生与协会领导和秘书处同志们留影

2019年12月，中国建设监理协会会长王早生莅临协会指导并阅览协会活动书籍

地址：太原市建设北路85号
邮编：030013
电话：0351-3580132
邮箱：sxjlxh@126.com

　　山西省建设监理协会成立于1996年4月，20多年来，在山西省住房和城乡建设厅、中国建设监理协会以及山西省社会组织管理局的领导、指导下，山西监理行业发展迅速，已成为工程建设不可替代的重要组成。

　　从无到有，逐步壮大。随着改革开放的步伐，全省监理企业从1992年的几家发展到2019年底的215家，其中综合资质企业2家，甲级资质企业95家、乙级资质企业98家、丙级资质企业20家。协会现有会员234家（含入晋），理事250人，常务理事70人，理事会领导21人，监事会3人。会员涉及煤炭、交通、电力、冶金、兵工、铁路、水利等领域。

　　队伍建设，由弱到强。全省监理从业人员从刚起步的几十人发展到现在3万余人。其中，取得国家监理工程师执业资格7500余人（注册5296人），专业监理工程师（含原省师）8000余人，原监理员、见证取样员12000余人，监理队伍不断壮大，人员素质逐年提高。

　　引导企业，拓展业务。监理业务不仅覆盖了省内和国家在晋大部分重点工程项目，而且许多专业监理积极走出山西，参与青海、东北、新疆、陕西、海南等10多个外省部分相当规模的大型项目建设，还有部分企业走出国门，如纳米比亚、吉尔吉斯斯坦、印尼巴厘岛等。

　　奖励激励，创建氛围。一是年度理事会上连续9年共拿出79.5万余元奖励获参建"鲁班奖"等国优工程的监理企业（企业10000元、总监5000元），鼓励企业创建精品工程。二是连续11年，共拿出22.7万元奖励在国家监理杂志发表论文的1000余名作者，每篇200~500元不等，助推理论研究工作。三是连续6年，共拿出近13.5万元奖励省内进入全国监理百强企业（每家企业奖励10000元），鼓励企业做强做大。四是连续4年，共拿出近8万元，奖励竞赛获奖选手、考试状元等，激励正能量。

　　精准服务，效果明显。理事会本着"三服务"（强烈的服务意识；过硬的服务本领；良好的服务效果）宗旨，带领协会团队，紧密围绕企业这个重心，坚持为政府、为行业和企业双向服务。一是充分发挥桥梁纽带作用，一方面积极向主管部门反映企业诉求，另一方面连续8年组织编写《山西省建设工程监理行业发展分析报告》，为政府提供决策依据；二是指导引导行业健康发展，开展行业诚信自律、明察暗访、选树典型等活动；三是注重提高队伍素质，狠抓培训的编写教材、优选教师、严格管理，举办讲座、《监理规范》知识竞赛、《增强责任心 提高执行力》演讲以及羽毛球大赛；四是经验交流，推广监理资料、企业文化等先进经验；五是办企业所盼，组织专家编辑《建设监理实务新解500问》工具书等；六是推动学习，连续4年共拿出45万余元为近200家会员赠订3种监理杂志1700余份，助推业务学习；七是提升队伍士气，连续8年盛夏慰问一线人员；八是扶贫尽责，2019年，协会与企业向阳高县东小村镇善捐人民币80000元，为传播社会帮扶正能量贡献光和热，协会被省社会组织综合党委授予"参与脱贫攻坚贡献奖"；九是疫情献爱，2020年协会和会员企业等共向抗击疫情捐款捐物折合人民币50余万元，协会还为坚守在疫情防控一线的基层社区工作人员和志愿者们送上了饼干、牛奶、方便食品等价值万余元的生活物品，2020年4月1日，《中国建设报》第2版登载《逆行最美 大爱无疆》——"监理人大疫面前有担当"文章系列报道，内容介绍了山西监理13家会员单位和协会献爱心暖人心，积极开展捐款捐物活动的内容；十是助学示情，2020年，协会向"我要上大学"助学行动筹备组捐款3万元，为考入大学的寒门学子尽绵薄之力，协会荣获中国助学网、省社会组织促进会、原平市爱心助学站颁发"爱心助学，功德千秋"荣誉牌匾。

　　不懈努力，取得成效。近年来，山西监理行业的承揽合同额、营业收入、监理收入等呈增长态势。协会的理论研究、宣传报道、服务行业等工作卓有成效，赢得了会员单位的称赞和主管部门的认可。先后荣获中监协各类活动"组织奖"5次；山西省民政厅"5A级社会组织"荣誉称号3次；山西省人社厅、山西省民政厅授予"全省先进社会组织"荣誉称号；山西省建筑业工业联合会授予"五一劳动奖状"荣誉称号；山西省住房和城乡建设厅"厅直属单位先进集体"荣誉等。

　　面对肩负的责任和期望，我们将聚力奋进，再创辉煌。

（本页信息由山西省建设监理行业及协会提供）

青岛东方监理有限公司

青岛东方监理有限公司创立于1988年，是国家首批甲级资质监理单位（房屋建筑工程甲级、市政公用工程甲级、农林工程甲级、机电安装工程甲级；化工石油工程乙级、电力工程乙级）之一，可从事全生命周期的项目咨询、监理及造价管理的相关业务，同时是青岛市建设监理协会会长单位。

青岛东方监理有限公司成立33年来，始终坚持以"受尊重的一流咨询公司"为企业愿景，致力于"厚德立业、成就客户、以人为本、诚待社会"核心价值观。

截至目前公司共承揽监理业务2600余项，监理工程造价2200亿元，保持高质量可持续增长。公司业务已拓展到宁波、天津、济南、临沂、东营、烟台、潍坊、淄博、滨州等地区。公司现有专业工程技术人员500人，其中高级工程师85人，注册监理工程师100余人，注册造价师10人，一级注册建造师31人，勘察设计类注册5人。公司技术力量雄厚，专业门类齐全，具备承揽大型公共及住宅工程（其中包括超高层、高层、多层及别墅项目）、轨道交通工程、工业及公用设施工程、道路桥梁及风景园林工程、农业林业工程、机电安装工程、化工石油工程、电力工程、人防工程等业态工程。

东方监理公司对企业品牌建设常抓不懈，严格的企业管理和良好的服务意得到了各级领导、业主的广泛好评，在近两年青岛市监理企业建筑市场主体管理考核中名列前茅。所监理的建设工程荣获"鲁班奖"10项，"中国市政金杯奖"5项，"国家优质工程奖"8项，"全国建筑工程装饰奖"10项，以及多项各省市地方奖项，曾连续5次获得"全国先进监理单位"荣誉称号；2021年荣获山东省建设监理与咨询协会5A级会员监理企业荣誉证书；2020年度被山东省市场监督管理局授予"山东省服务业高端品牌培育企业"荣誉称号；2019年度被授予"山东省知名品牌"荣誉企业称号；2018年在"上海合作组织青岛峰会新闻中心"工程中表现优异被授予感谢状；在历年的山东省、青岛市建筑行业表彰中，公司每每榜上有名；同时是山东省、青岛市"守合同，重信用"企业，青岛市3A级信誉企业，并成为山东省监理行业内第一家注册自己商标的企业。

2021年由东方监理公司自主研发的监理项目管理软件"云迹行"正式发布上线。该项目管理软件可以满足公司众多监理项目的智慧化需求，从而达到监理行为可追溯性的目标。"云迹行"信息系统运营后，项目监理工作将改变传统监理手段，实现监理过程管控标准化、痕迹化、可追溯化，保证了监理工作的客观性、真实性和科学性。

荣誉见证实力，实力铸就辉煌。企业在30余年的发展中，始终在加强品牌建设、专注服务品质、引领行业发展等各方面不断努力，众多荣誉的获得，既是对东方监理30年如一日对品牌建设的肯定，也是对企业的鞭策和激励。青岛东方监理有限公司将继续秉承企业"厚德立业"的发展理念，以匠心构筑服务品质，加强对企业品牌的建设，不断增强企业核心竞争优势，提高服务质量，为监理行业的健康发展贡献力量！

（本页信息由青岛东方监理有限公司提供）

上合峰会保障项目——美丽青岛行动重要道路沿线亮化提升

国家高速列车技术创新中心暨高速磁浮试制中心

青岛华润中心

临沂市中医医院高铁院区

青岛环球金融中心

海尔物联网研发总部基地

青岛地铁4号、6号线等多条线路

青岛新机场高速连接线工程

庆祝建党百年公司党支部活动

青岛市政府办公大楼

陕西华茂建设监理咨询有限公司

陕西华茂建设监理咨询有限公司（原名陕西省华茂建设监理公司）创立于1992年8月，2008年4月由国企改制为国有资本控股的有限公司，2020年12月国有资本全部退出。

公司具有国家房屋建筑工程监理甲级、市政公用工程监理甲级、机电安装工程监理乙级、化工石油工程监理乙级、电力工程监理乙级、矿山工程监理乙级资质及文物保护工程监理、人防工程监理、军工涉密工程资质和工程招标代理甲级资质，工程造价咨询甲级资质，中央投资项目招标代理、政府采购招标代理、机电国际招标代理等专业资质，可承接跨地区、跨行业的建设工程监理、项目管理、工程代建、招标代理、造价咨询以及其他相关业务。公司作为陕西省第一批全过程咨询试点企业，对建设项目具有连续、系统、集成的全过程工程咨询服务体系和组织保证。公司与有关单位合作可为业主提供勘察、设计、施工图审查、质量法定检测和材料试验业务。

公司对在监项目管理设工程项目监理部，项目监理部实行法人代表授权的总监理工程师负责制，企业内部实行绩效考核和业主评价制。公司下设若干工程招标代理部、造价咨询部开展工作。

公司600余名从业人员中75%以上具有国家注册监理工程师、注册造价工程师、招标师、安全工程师或中高级专业技术职称，先后参加过西安音乐学院、大唐芙蓉园、华山国际酒店、大唐西市博物馆、西工大附中高中迁建项目、高新区环普产业园、西高新河池寨立交、西安国际港务区一期、武隆航天酒店超高层、张家山泉群工程等一大批重点工程、标志性建设工程监理并提供招标代理、造价咨询服务，具有扎实的专业知识和丰富的实践经验。

公司在30多年的发展进程中坚持以高素质的专业管理团队为支撑，以ISO 9001质量管理体系、ISO 14001环境管理体系、ISO 45001职业健康安全管理体系为保证，探索总结出一套符合行业规范和突出企业特点的经营管理激励约束机制和诚信守约服务保障机制，以及科学完备的企业规章制度，公司通过"总监宝"专业管理软件确保全公司各项目监理部、招标造价部工作流程可控。

公司所监理的建设工程项目先后有4项荣获中国建设工程鲁班奖、8项获国家优质工程奖、1项获中国钢结构工程金奖、1项获煤炭行业"太阳杯"、45项获陕西省优质工程"长安杯"，以及省新技术应用示范工程、省绿色施工示范工程、省结构示范工程、省级文明工地等，获奖总数名列陕西省同行业前茅。公司实行全过程工程咨询服务的陕建职业技术学院、武功县人民医院、国家十四运马术馆等建设项目进展顺利、广受好评。公司被中国建设监理协会授予"全国先进监理单位""中国建设监理创新发展20年工程监理先进企业"，被中国建设管理委员会授予"全国工程招标十佳诚信单位"，被中国招标投标协会授予"招标代理机构诚信创优先进单位"，被省建设工程造价管理协会授予"工程造价咨询先进企业"，以及省、市先进监理企业，同时被省工商局授予"重合同守信用"单位，被陕西省企业信用协会授予"陕西信用百强企业"等，华茂监理已成为陕西建设监理行业的知名品牌。

公司系中国建设监理协会常务理事，中国招投标协会会员，中国土木工程学会建筑市场与招标研究分会理事，省、市建设监理协会副会长，陕西省招标投标协会常务理事，陕西省工程造价管理协会理事，陕西省土木建筑工程学会理事单位。

公司将一如既往，秉持"用智慧监理工程，真诚为业主服务"的企业精神和"科学管理、严控质量、节能环保、安全健康、持续改进、创建品牌"的管理方针，以企业的综合实力、严格的内部管理、严谨的工作作风，竭诚为业界提供满意服务，建造优质工程。

（本页信息由陕西华茂建设监理咨询有限公司提供）

兴隆社区项目建设工程监理Ⅲ标段

办公基地Ⅰ期办公楼、实验楼及综合楼工程监理项目

大唐芙蓉园

大唐西市一期项目

曲江皇苑大酒店工程

榆林市档案馆工程

高中新迁建一教学楼、行政办公楼、实验楼、地下车库

陕西省交通建设集团公司西高新办公基地

锦绣天下学校委托监理工程

魏墙矿井及选煤厂项目地面土建工程（除选煤厂）施工监理

重庆大学主教学楼　　重庆市万州区体育馆

三峡移民纪念馆

重庆大学图文信息中心

四川烟草工业有限责任公司西昌烟厂整体技改项目

重宾保利国际广场

重庆大学虎溪校区理科大楼　　洪崖洞

磁器口后街

大足时刻宝顶山景区提档升级工程

重庆林鸥监理咨询有限公司

　　重庆林鸥监理咨询有限公司成立于 1996 年，是隶属于重庆大学的国家甲级监理企业，主要从事各类工程建设项目的全过程咨询和监理业务，目前具有住房和城乡建设部颁发的房屋建筑工程监理甲级资质、市政公用工程监理甲级资质、机电安装工程监理甲级资质、水利水电工程监理乙级资质、通信工程监理乙级资质、化工石油监理乙级资质，以及水利部颁发的水利工程施工监理丙级资质。

　　公司结构健全，建立了股东会、董事会和监事会，此外还设有专家委员会，管理规范，部门运作良好。公司检测设备齐全，技术力量雄厚，现有员工 800 余人，拥有一支理论基础扎实、实践经验丰富、综合素质高的专业监理队伍，包括全国注册监理工程师、注册造价工程师、注册结构工程师、注册安全工程师、注册设备工程师及一级建造师等具有国家执业资格的专业技术人员 125 人，高级专业技术职称人员 90 余人，中级职称 350 余人。

　　公司通过了中国质量认证中心 ISO 9001：2015 质量管理体系认证、ISO 45001：2018 职业健康安全管理体系认证和 ISO 14001：2015 环境管理体系认证，率先成为重庆市监理行业"三位一体"贯标公司之一。公司监理的项目荣获"中国土木工程詹天佑大奖" 1 项，"中国建设工程鲁班奖" 6 项，"全国建筑工程装饰奖" 2 项，"中国房地产广厦奖" 1 项，"中国安装工程优质奖（中国安装之星）" 2 项及"重庆市巴渝杯优质工程奖""重庆市市政金杯奖""重庆市三峡杯优质结构工程奖""四川省建设工程天府杯金奖、银奖"、贵州省"黄果树杯"优质施工工程等省市级奖项 150 余项。公司连续多年被评为"重庆市先进工程监理企业""重庆市质量效益型企业""重庆市守合同重信用单位"。

　　公司依托重庆大学的人才、科研、技术等强大的资源优势，已经成为重庆市建设监理行业中人才资源丰富、专业领域广泛、综合实力最强的监理企业之一，是重庆市建设监理协会常务理事单位和中国建设监理协会会员单位。

　　质量是林鸥监理的立足之本，信誉是林鸥监理的生存之道。在监理工作中，公司力求精益求精，实现经济效益和社会效益的双丰收。

地址：重庆市沙坪坝区重庆大学 B 区
电话／传真：023-65126150

（本页信息由重庆林鸥监理咨询有限公司提供）

北京希达工程管理咨询有限公司

北京希达工程管理咨询有限公司（简称希达咨询公司），前身为北京希达建设监理有限责任公司，2019年2月完成更名，是中国电子工程设计院有限公司的全资子公司。

希达咨询公司具备工程建设监理综合资质、设备监理甲级资质、信息系统工程监理甲级资质和人防工程监理甲级资质，是国内同时在建设工程、设备、信息系统、人防工程4个领域拥有最高资质等级的监理公司。2017年5月，入选住房城乡建设部"全过程工程咨询试点企业"。

希达咨询公司主要从事项目管理、工程监理、代建、设计管理、造价咨询、全过程工程咨询等业务，涉及房屋建筑、市政交通工程、工业工程、电力工程、通信信息工程、城市综合体、民航机场、医疗建筑、金融机构、数据中心等多个领域，承接了一批重点工程项目。

项目管理及代建项目：广发金融中心（北京）、安信金融大厦、京东方先进实验室项目、北京工业大学体育馆、中国民生银行股份有限公司总部基地工程等项目。

机场项目：榆林机场T2航站楼、新机场东航基地项目、北京大兴国际机场停车楼、北京大兴国际机场综合服务楼、北京大兴国际新机场西塔台、北京大兴国际机场东航基地、首都国际机场T3航站楼及信息系统工程、石家庄国际机场、昆明国际机场、天津滨海国际机场等项目。

数据中心项目：中国移动数据中心、北京国网数据中心、蒙东国网数据中心、中国邮政数据中心、华为上饶云数据中心、乌兰察布华为云服务数据中心等项目。

医院学校项目：北大国际医院、合肥京东方医院、援几内亚医院、山东滕州化工技师学院、固安幸福学校、援塞内加尔妇幼医院成套等项目。

电子工业厂房：广州超视堺第10.5代TFT—LCD、西安奕斯伟硅产业基地项目、上海华力12英寸半导体、南京熊猫8.5代TFT、咸阳彩虹第8.6代TFT—LCD、京东方（河北）移动显示等项目。

市政公用项目：北京新机场工作区市政交通工程、滕州高铁新区基础建设、莆田围海造田、奥林匹克水上公园等项目。

场馆项目：塞内加尔国家剧院、缅甸国际会议中心、援几内亚体育场项目、援巴哈马体育场项目、援肯尼亚莫伊体育中心、北京工业大学体育馆等项目。

近年来，希达咨询公司承担的工程项目，共计荣获国家及省部级奖项上百项，包括"工程项目管理优秀奖""鲁班奖""詹天佑奖""国家优质工程奖""北京市长城杯""结构长城杯""建筑长城杯""上海市白玉兰奖""优质结构奖""金刚奖"等。

公司积极参与行业建设，承担了多个协会的社会工作。公司是中国建设监理协会理事单位、北京建设监理协会常务理事单位、中国设备监理协会理事单位、中国电子企业协会信息监理分会副会长单位、北京人防监理协会会员单位、北京交通监理协会会员单位、机械监理协会副会长单位等。

公司拥有完善的管理制度、健全的ISO体系及信息化管理手段。自主研发项目日志日记系统、员工考核和学习系统，采用先进的企业OA管理系统，部分项目管理采用BIM—5D软件。近年来，多人获得全国优秀总监、优秀监理工程师称号，拥有高效、专业的项目管理团队。

（本页信息由北京希达工程管理咨询有限公司提供）

广发金融中心（北京）建设项目

合肥京东方医院

榆林榆阳机场二期扩建工程T2航站楼及高架桥工程

北京大兴国际机场东航基地项目一阶段工程第Ⅳ标段（航空食品及地面服务区）

西安奕斯伟硅产业基地项目

咸阳彩虹第8.6代TFT—LCD项目

宁算科技集团拉萨一体化项目—数据中心（一期）工程

贵阳移动能源产业园一期工程项目（第一阶段）

超视堺第10.5代TFT—LCD显示器生产线（广州）项目

安信金融大厦项目

地　址：北京市海淀区万寿路27号
电　话：68208757　68160802
邮　编：100840

金银湖协和医院项目　　　　华中科技大学同济医院光谷院区

武汉光电国家研究中心

武汉联想研发基地　　　湖北省博物馆三期工程

湖溪河综合治理工程　　　武汉市轨道交通 7 号线

中国地质大学新校区图书馆

中韬华胜工程科技有限公司

　　中韬华胜工程科技有限公司始创于 2000 年 8 月 28 日，是一家国资综合型建设工程咨询高新技术企业。现为中国建设监理协会理事单位、《建设监理》副理事长单位、湖北省建设监理协会副会长单位、武汉市工程建设全过程咨询与监理协会会长单位、湖北省工程咨询协会理事单位、中国招标投标协会会员单位、湖北省招标投标协会理事单位、湖北省政府采购协会会员单位、武汉市招标投标协会会员单位。公司具备前期工程咨询、工程勘察、建筑工程设计、造价咨询、招标代理、全过程项目管理、工程代建、全过程工程监理、全过程工程咨询、BIM 及信息化咨询、运维管理等专项资质、资格或能力，曾多次参与国家和地方性规范标准及课题研究工作，在全国工程监理与咨询行业具备较高影响力。

　　公司始终坚持党的全面领导，通过高质量党建引领公司高质量发展，曾先后参与汶川地震灾后援建、云南山区精准扶贫、武汉火神山医院建设等国家应急项目和一系列社会公益活动。

　　经过 20 余年的跨越式发展，公司培养和造就了工程咨询全产业链上的一大批懂专业、善钻研、能担当的学习成长型技术人才。公司连续 7 次被评为"全国先进工程监理企业"，10 项工程获得"鲁班奖"，7 项工程获得"国家优质工程奖"，2 项工程获得"中国建筑工程装饰奖"，5 项工程获得"中国安装工程优质奖"，1 项工程获得"中国建设工程钢结构金奖"，10 项工程获得"湖北省市政示范工程金奖"。

　　随着大数据、云计算、区块链等信息化技术的迅猛发展，公司秉持"以客户需求为中心"的理念，努力建设"规范化、标准化、信息化、数字化"品牌企业，共获得 2 项发明专利，13 项实用新型专利，15 项软件著作权以及若干项省市级科技成果奖，已获批为"国家高新技术企业"。当前，公司正在大力推进和发展"信息化管理""智能化服务"两大工程，积极探索 5G 时代 BIM 新技术应用方向，不断建立以客户为中心、以服务为导向的多层次价值链，实现公司科技化服务大发展。

　　全体华胜人正积极顺应行业改革发展大势，以超前的思维、超强的胆略谋划企业改革发展新征程。在决胜千里的事业征途上，华胜人志存高远，海纳百川，志在为业主倾力奉献出独具华胜品牌价值的全过程工程咨询服务。愿与社会各界一道，以诚相待、合作共赢，拥抱属于您我共荣的美好明天。

（本页信息由中韬华胜工程科技有限公司提供）

台州临海六角井未来社区

浙商钱江世纪城总部大楼

浙江省中医院新院区

衢州荷一路过江通道

菜鸟供应链总部云谷园区

苏州工业园区体育中心

深圳歌剧院

杭州瓶窑中法航空大学

海口国际免税城

浙江江南工程管理股份有限公司

浙江江南工程管理股份有限公司成立于1985年，原为国家电子工业部直属企业，被原国家建设部授予"八五"期间全国工程建设管理先进单位。经过近40年的发展，公司已成为一家集团化、综合性的大型工程咨询企业，现有员工4000余人，其中各类国家级注册人员1600多人，拥有注册人员数量位居行业第一位，能够为房建、市政、水利、交通、能源、铁路等众多领域业主提供项目前期咨询、设计管理、造价咨询、招标采购、工程监理、工程项目管理及代建、全过程工程咨询等分阶段、菜单式、全过程的专业咨询服务。凭借在全过程工程咨询领域的先行探索实践及良好的工程业绩和行业影响力，2017年被国家住房和城乡建设部列为全国首批全过程工程咨询试点单位。

目前，公司业务范围覆盖30多个省、直辖市及自治区，200多个地级以上城市及12个海外国家，共设立34家分公司，年完成工程投资额3000多亿元，年动态管理项目达600余项。近40年来，公司累计获得60多项中国建设工程鲁班奖、200多项詹天佑奖、国家优质工程奖、国家市政金杯奖、水利工程大禹奖等各类国家级奖项，被住房和城乡建设部授予"全国工程质量安全管理优秀企业"，被国家工商行政管理总局列为"全国守合同重信用单位"，连续10多年被评为国家优秀监理企业，连续多年企业综合实力位居行业前三强。

为加强人才培养与技术研发，公司2005年成立江南管理学院，是工程咨询行业内首家自主创立企业大学的单位，为企业快速发展输送了大批优秀人才。随后又成立江南研究院，下辖十五大技术研究中心、八大技术研究室、院士工作站以及博士后工作站等，组织开展各类技术研发与产学研合作，成果丰硕。公司2016年被列为国家高新技术企业，2021年获评市级优秀院士工作站。

展望未来，江南管理将继续在工程咨询领域以聚焦客户、创造价值、引领发展为自身使命，不断增强企业核心竞争力，努力探索实践全过程工程咨询服务创新模式，为行业未来发展树立标杆，为实现打造全球一流的工程顾问公司这一企业愿景而不断前进。

长沙矿坑生态修复利用工程（湘江冰雪大世界）

（本页信息由浙江江南工程管理股份有限公司提供）

湖南长顺项目管理有限公司

湖南长顺项目管理有限公司是一家以全过程工程咨询和监理为核心业务的工程咨询管理公司。公司具备建设工程全产业链资质，致力于为业主提供建设工程项目从投资策划、建设实施到运营维护的全过程工程咨询服务。公司可提供全过程工程咨询、工程设计、项目策划、工程监理、造价咨询、工程勘察、招标代理、项目代建、BIM咨询等建设领域各项咨询服务，是国内知名的工程咨询管理企业。

湖南长顺项目管理有限公司从大型央企设计院衍化孵化而来，创建于1993年，为中国轻工业长沙工程有限公司的全资子公司；1998年成立湖南长顺工程建设监理有限公司，是国内最早开展监理业务的单位之一；2007年，母公司中轻长沙与中轻集团旗下八家子公司成立中国海诚工程科技股份有限公司，实现整体上市，是国内第一家以设计、咨询为主营业务的上市公司；2014年，为加速公司业务转型升级，公司更名为湖南长顺项目管理有限公司；2017年，公司在国内率先开展全过程工程咨询服务，为湖南省全过程工程咨询第一批试点单位；2018年，国务院国资委改制重组，中轻集团整体并入保利集团，品牌价值得到进一步提升。

公司成立至今，在工业与民用建筑、市政、交通、机电、民航、水利水电、生态环保等领域均取得良好业绩，为顾客提供优质咨询服务，年服务业主超过300家，服务标的超过1000亿元。所承接的项目获得"鲁班奖"20余项，"国家优质工程""钢结构金奖"等国家级奖项200余项，公司先后获得"全国先进工程建设监理单位""湖南省监理企业AAA信用等级评价企业""国家高新技术企业""湖南省直机关示范党支部"等诸多殊荣。

公司专业人员配备齐全，技术力量雄厚。拥有注册监理工程师、注册造价工程师、注册岩土工程师等各类注册工程师超过1000人，注册人员数量位居行业领先。公司成立"长顺管理学院"，并设"超高层、市政工程、医疗建筑、地下空间"四大研究中心，结合公司"数字化研究院""长顺项目管理云平台"，助力公司数字化转型，加速青年人才培养，为公司发展持续输出高素质人才。

面向未来，公司全力加速转型升级，不断向上下游拓展服务领域，为业主提供覆盖工程建设全过程的工程咨询服务。公司秉持为业主创造更高价值，践行"顾客满意是我们不懈的追求"的企业宗旨，致力于打造国内一流的工程咨询管理公司。

长沙高铁西站产业新城工程监理造价咨询

中南大学湘雅医院新院区工程（一期）（全过程工程咨询）

（本页信息由湖南长顺项目管理有限公司提供）

湖南省美术馆（鲁班奖工程）

沅辰高速工程监理

长沙地铁1-7号线隧道区间及车站主体工程

长沙黄花国际机场改扩建工程监理

长沙九龙仓国金中心工程监理（湖南第一高楼452m）

海门市体育中心

南京大学苏州校区

南京市妇幼保健院丁家庄院区

河海大学长荡湖大学科技园（一期）

江南农村商业银行股份有限公司"三大中心"建设工程

凤凰和熙

狮山广场

苏州湾文化中心

启东文体中心

江苏大剧院

江苏建科工程咨询有限公司

　　江苏建科工程咨询有限公司（原江苏建科建设监理有限公司）是目前江苏省内工程咨询服务行业综合实力位居前列的多元化企业。公司组建于1988年江苏省建筑科学研究院建设监理试点组，是全国第一批社会监理单位，率先开展建设监理及项目管理试点工作，现为中国建设监理协会副会长单位、全过程工程咨询试点单位。

　　公司自成立以来一直秉承"质量第一、信誉至上"的经营理念，努力不懈地打造精品项目，深受行业好评。公司由初建时单一的监理业务逐步拓展为集全过程工程咨询、工程监理、项目管理、造价咨询、招标代理、第三方巡查、BIM技术咨询服务、工程项目应用软件开发为一体的综合型技术实体。承接业务涵盖了房建、道路、医院、水厂、学校、轨道交通等各类专业领域。

　　公司现有员工2200余人，已形成专业配套齐全、年龄结构合理、优势互补、理论与实践结合、高起点高层次的工程咨询人员群体，他们本身既是建筑工程专业技术人员，又通过系统培训和实际工作锻炼掌握了建设项目管理所必需的经济法规、合同管理、工程造价管理、施工组织协调等方面的知识和能力，能够当好项目业主的参谋与顾问，协助业主对工程项目实行全方位管理。

　　多年来，公司围绕技术研发，坚持自主创新，取得了丰硕成果，是国家高新技术企业，形成了以江苏省建筑产业现代化示范基地、江苏省研究生工作站、江苏省城市轨道交通工程质量安全技术中心、南京市装配式建筑信息模型（BIM）应用示范基地为支撑的科研平台。

　　面对市场机遇和挑战，公司将继往开来，以打造"一流信誉、一流品牌、一流企业"为目标，积极倡导"以人为本、精诚合作、严谨规范、内外满意、开拓创新、信誉第一、品牌至上、追求卓越"的价值理念及精神，凭借优质的工程质量和完善的服务体系，以市场化、多元化的经营理念开拓发展，创造出更加辉煌灿烂的明天！

（本页信息由江苏建科工程咨询有限公司提供）

LCPM

连云港市建设监理有限公司

连云港市建设监理有限公司（原连云港市建设监理公司）成立于1991年，是江苏省首批监理试点单位，具有房屋建筑工程和市政公用工程甲级监理资质，工程造价咨询甲级资质、人防工程监理甲级资质、机电工程监理乙级资质、招标代理乙级资质，被江苏省列为首批项目管理试点企业。公司2003年、2005年、2007年、2009年和2011年连续五次被江苏省建设厅授予江苏省"示范监理企业"的荣誉称号，2007年、2010年、2012年连续三次被中国建设监理协会评为"全国先进工程监理企业"。公司2001年通过了ISO 9001—2000认证。公司现为中国建设监理协会会员单位、江苏省建设监理协会副会长单位，是江苏省科技型AAA级信誉咨询企业。

30余年工程监理经验和知识的沉淀，造就了一大批业务素质高、实践经验丰富、管理能力强、监理行为规范、工作责任心强的专业人才。在公司现有的180余名员工中：高级职称40名、中级职称70名；国家注册监理工程师73名、国家注册造价工程师11名、一级建造师28名，江苏省注册咨询专家9名。公司健全的规章制度、丰富的人力资源、广泛的专业领域、优秀的企业业绩和优质的服务质量，形成了独具特色的现代监理品牌。

公司可承接各类房屋建筑、市政公用工程、道路桥梁、建筑装潢、给水排水、供热、燃气、风景园林等工程的监理以及项目管理、造价咨询、招标代理、质量检测、技术咨询等业务。

公司自成立以来，先后承担各类工程监理、工程咨询、招标代理2000余项。在大型公建、体育场馆、高档宾馆、医院建筑、住宅小区、工业厂房、人防工程、市政道路、桥梁工程、园林绿化、自来水厂、污水处理、热力管网等多项领域均取得了良好的监理业绩。在已竣工的工程项目中，质量合格率100%，多项工程荣获国家优质工程奖、江苏省"扬子杯"优质工程奖及江苏省示范监理项目。

公司始终坚持"守法、诚信、公正、科学"的执业准则，遵循"严控过程，科学规范管理；强化服务，满足顾客需求"的质量方针，运用科学知识和技术手段，全方位、多层次为业主提供优质、高效的服务。

地址：江苏省连云港市海州区朝阳东路32号
电话：0518-85591713 传真：0518-85591713
电子信箱：lygcpm@126.com

连云港市北崮山庄项目

（本页信息由连云港市建设监理有限公司提供）

连续三次获得"全国先进工程监理企业"称号　连续五次获得"江苏省'鲁班奖'证书示范监理企业"称号

BRT一号线全国市政金杯　供电公司综合楼国优　江苏省电力公司职业技能训练基地二期综合楼工程（国家优质工程奖）

连云港市第一人民医院病房信息综合楼项目　连云港市广播影视文化产业城项目　连云港市城建大厦项目（中国建设工程鲁班奖）

赣榆高铁拓展区初级中学工程　连云港出入境检验检疫综合实验楼项目　连云港市东方医院新建病房楼项目

连云港市第二人民医院西院区急危重症救治病房及住院医师规培基地大楼　连云港市连云新城商务公园项目

连云港海滨疗养院原址重建项目　连云港市金融中心1号（金融新天地项目）

连云港市建设监理有限公司领导风采　连云港徐圩新区地下综合管廊一期工程

舞台类—北京冬（残）奥会开闭幕式舞台搭建　　援外项目—中老铁路

铁路类—京沪高铁　　轨道交通—北京首条磁浮车辆监理

矿山类—西藏玉龙铜业建设项目　　博物馆类—南海博物馆

机场类—首都国际机场T3航站楼　　铁路类—北京至雄安新区城际铁路雄安站

大型公建—国家会议中心（冬奥会主媒体中心）

国家粮库—中储粮盘锦基地

公路类—大连星海湾跨海大桥

中咨工程管理咨询有限公司

　　中咨工程管理咨询有限公司（原中咨工程建设监理有限公司）成立于1989年，是中国国际工程咨询有限公司的核心骨干企业，注册资金1.55亿元。公司是国内从事工程管理类业务较早、规模较大、行业较广、业绩较多的企业之一。为顺应行业转型发展的需要，公司于2019年更名为中咨工程管理咨询有限公司（简称"中咨管理"）。

　　中咨管理具有工程咨询甲级资信，工程监理综合资质以及设备、公路工程、地质灾害防治工程、人民防空工程等多项专业监理甲级资质，并列入政府采购招标代理机构和中央投资项目招标代理机构名单。公司具备完善的工程咨询管理体系和雄厚的专业技术团队，通过了ISO 9001：2015质量管理体系、ISO 14001：2015环境管理体系和ISO 45001：2018职业健康安全管理体系认证；现有员工4700余人，其中具备中、高级职称人数2500余人，各类执业资格人数1600余人。业务涵盖工程前期咨询、项目管理、项目代建、招标代理、造价咨询、工程监理、设备监理、设计优化、工程质量安全评估咨询等项目全过程咨询服务。行业涉及房屋建筑、交通（铁路、公路、机场、港口与航道）、石化、水利、电力、冶炼、矿山、市政、生态环境、通信和信息化等多个行业。

　　公司设有26个分支机构，业务遍布全国及全球近50个国家和地区，累计服务各类咨询管理项目超过10000个，涉及工程建设投资近5万亿元。包括国家千亿斤粮库工程、国家体育场（鸟巢）、庆祝中国共产党成立100周年文艺演出舞台（国家体育场）工程、国家会议中心、川藏铁路工程、北京2022年冬奥会相关配套工程、首都机场航站楼、西安咸阳国际机场航站楼、杭州湾跨海大桥、京沪高铁、雄安高铁站、雄安至大兴国际机场R1线、京新（G7）高速公路、武汉长江隧道、南宁国际空港综合交通枢纽工程、空客A320系列飞机中国总装线、岭澳核电站、红沿河核电站、天津北疆电厂、百万吨级乙烯、千万吨级炼油、武汉国际博览中心、北京市政务服务中心、雄安市民服务中心、重庆三峡库区地质灾害治理、深圳大运中心以及北京、深圳等28个大中型城市轨道项目等众多国家重点工程，以及埃塞俄比亚铁路、中老铁路、老挝万万高速公路、孟加拉卡纳普里河底隧道、老挝国际会议中心、缅甸达贡山镍矿等一大批海外项目的工程监理、项目管理、造价咨询等服务，其中荣获56项中国建设工程鲁班奖、15项中国土木工程詹天佑奖、64项国家优质工程奖以及各类省级或行业奖项400余项。

　　经过30年的不懈努力，我们积累了丰富的工程管理经验，为各类工程建设项目保驾护航，"中咨监理"品牌成为行业的一面旗帜。为适应高质量发展的需要，公司制定了"122345"发展战略，以全过程工程管理咨询领先者为发展目标，加快推进转型升级和现代企业制度建设，着力改革创新，做活、做强、做优，坚持走专业化、区域化、集团化、国际化的发展道路，大力开展人才建设工程、平台建设工程、技术研发与信息化建设工程、品牌建设工程、企业文化建设工程五大专项建设工程，矢志不渝地为广大客户提供优质、高效、卓越的专业服务，为国家经济建设和社会发展做出积极贡献。

舞台类—庆祝建党100周年《伟大征程》舞台搭建

（本页信息由中咨工程管理咨询有限公司提供）

厦门中心

海沧体育中心

马銮湾保障房地铁社区一期

新阳大道

海沧半导体产业基地